人として生まれたからには、一度は田植えをしてから死のうと決めていました。

人として生まれたからには、一度は田植えをしてから死のうと決めていました。

もくじ

田植え

草刈り

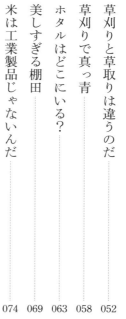

二度目の草刈り

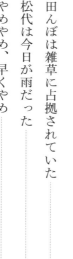

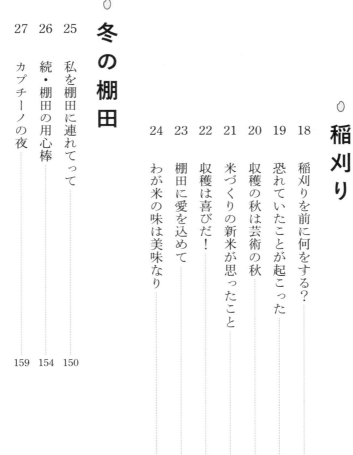

稲刈り

冬の棚田

二度目の　稲刈り

田植え

ぼくたちは、あの魚沼にコシヒカリを植えるのだ。しかも無農薬！

1 備えあっても憂いばかり

人として生まれたからには、一度は田植えをしてから死のうと決めていました。六〇歳を過ぎてもなお、田植え願望は強くなるばかり。二〇一九年の春、田植えの季節が近づくにつれて、ぼくはその思いを抑えきれず、実行に移そうと画策した。

なぜだろう？

農家に生まれたわけでもないのに。でも理由なんかどうでもいい。

で、ともかくどうすれば田植えができるか考えた。いきなり農家を訪ねて「手伝わせて」と言っても無理な話だ。第一、今の米づくりは機械でやる。ぼくは田植機の操作などできない。そもそもやりたいのは、裸足で田んぼに入って手で苗をさす、あの昔ながらの田植えだ。

そこでｄａｎｃｙｕ ｗｅｂの江部拓弥編集長に相談した。と、彼のほうでも米づくりをテーマに記事をつくりたいと考えていたところだという。「おお、思いは一緒だ！」。まるで世の中全体が「田植え」に向かっているような、そんな雰囲気じゃないですか。

ほどなくして、江部さんがすべて段取りを整えてくれて、ぼくは田植えチームの一員として参加することになった。たしかに自分一人では田んぼで立ちつくすしかない。田植えはみんなで力を合わせてやったほうがいいよね。チームと聞いて、なんだかスポーツでもやる気分になった。問題はわが体力かなあ。

さて、その場所は？　なんと米処で知られる越後、つまり新潟だった。でかした江部さん、ぼくはわくわくしながらその時を待ったのでした。

二〇一九年五月二五日、緊張からか午前四時に目が覚めた。はやる気持ちで集合場所の池袋駅前に駆けつけたのだが、まだ誰もいなかった。やがて一人、二人と参加者らしい人が集まってきた。

本日、集合したメンバーは家族連れを含む二〇人ばかりの志の高い有志たち。なにしろ貴重な休日の時間を費やして、泥だらけになって田んぼで汗をかこうというのだ。ただの酔狂ではできない。きっと深い「おコメ愛」を持っている人たちのはずだ。

朝六時三〇分、定刻どおりバスは、新潟県に向かってまっしぐらに走り出した。目指すは十日町市松代《まつだい》の棚田だ。十日町というより魚沼地域といったほうが通りがいいかもしれない。つまりぼくたちは、あの魚沼にコシヒカリを植えるのだ。しかも無農薬だ！　魚沼産、コシヒカリ、無農薬という三拍子揃い踏みの田植えである。
もちろん田植機は使わない。手で植えていく。現地の田んぼは棚田ゆえに機械が入らないという。みんなで一束ずつ植えていく手植え、いわば人海戦術である。手植えを加えると今回の田植えは三拍子ではなく四拍子だ。とはいってもね、素人ばかりだから、手植えの部分はマイナスポイントか。田んぼにとっては少し迷惑かもしれぬが、そこは目をつむってもらうしかない。

松代へと向かう車中で衝撃的な情報がもたらされた。現地の気温がなんと三〇度を超えそうだという。五月にしては記録的な暑さになるらしい。よりによって田植えの日が真夏日とは。

「藤原さん、覚悟してくださいね。でも絶対に無理しないように」と、念を押す江部さん。言われなくても承知しています。六〇代の身にとっては、笑って聞き流せない情報ですよ。

頭の中で身繕いを点検する。まず、頭を守るためにサファリ帽を手に入れた。本当はツバの広い麦わら帽子がいちばんぴったりなのだろうが、やはり持ち運びに不便でやむなく購入を断念。でかい麦わら帽子をかぶって山手線には乗れないよね。いや、いさぎよく乗るべきだったか……。

度付きのサングラスも新調した。陽の光がギラギラと反射する水面を予想して。首に巻くのはバンダナできめようかと考えたが、やはりここは白いタオルだ。首筋を流れる汗を吸い取るのはタオルがいちばん。

上半身は長袖のシャツ。半袖は動きやすく涼しそうだが、日射しを避けるほうを優先した。でも三〇度を超えるとなると、どうなんだ？　脇の下から腕を伝わり袖口にたまる大量の汗が思い浮かぶ。

ボトムはジーンズだ。かがんだり、足を伸ばしたりの動作を考慮してストレッチの利いたものを選んだ。使い捨ての手袋も用意。ゴム長靴は現地で調達できるというので、これで準備は万全だろうと思ったが、真夏日になるとの予報を聞いて、ストラップ付きの水筒がいるんじゃないかと心配になる。田んぼの中で喉の渇きを覚えたらどうする？　簡単に畦《あぜ》まで戻れないぞ。

この日に備えて、あらかじめ田んぼで手植えする人たちの古い写真をたくさん見てきた。

昭和の初期の写真には、今や簡単に手に入らない装束がたくさん写っている。頭にかぶる菅笠《すげがさ》、絣《かすり》の服、稲藁《いねわら》でつくった箕《みの》など。

一方で最近の田植えについて調べると、服や靴などの田植えグッズは通販ですべて揃う。要はどこまで本格的を装うかだ。

しかしどの時代にあっても、農家は誰も水筒などを下げて田んぼに入っていない。YouTubeで田植えの動画を見ても、水筒を腰につけた人はいない。きっと邪魔でしょうがないはずだ。とはいってもかつては、気温が三〇度を超えるような日に田植えなどすることは、まずなかっただろう。やっぱり水筒はいるか？でも手持ちはペットボトルの麦茶だけ。どうする？ 長袖のシャツは脱いで、風通しのいい半袖Tシャツでいく？

あれこれ悩んでいるうちに猛烈な眠気に見舞われた。今日は朝の四時起きだったのだ。そして、いつの間にか深い眠りに落ちていた。このあと、どんな凄いことが起こるかも知らずに――。

2 田んぼに入る瞬間を何と呼ぶ?

バスが高速道路を降りたところで、いきなり頭がはっきりした。いつの間にか眠ってしまったらしい。目的地の棚田まではもうすぐ。

バスが左右に揺れる。蛇行を繰り返す田舎道に入ったのだ。眼下に小川が流れていた。川底の石まで一つ一つはっきり見える透き通った水だ。

こんな清流と出会ったのは何年ぶりか。魚沼はやっぱり水が豊かな土地なんだなあ。

ふいに小さな田んぼが目に飛び込んできた。おお、これが棚田だ! 小川に寄り添って小さな水田がぽつりぽつりと点在している。四角く整った平地の田んぼとは違って、地形に合わせて、膨らんだり、しぼんだりと形を自在に変える、おおらかな感じの水田。すでに田植えが終わったところもある。なかには雑草が伸び放題の田んぼも目につく。休耕田だろうな。かつてはそこにも稲穂《いなほ》がたわわに実ったのだろう。

それにしても、水面から少し顔を出した苗《なえ》の何とかぼそいこと。頼りなくヒラヒラと揺れる細葉が碁盤の目のように並んでいる。あんなちっぽけな苗が、立派な穂をつけるまで育つとはとても信じられない。成長力のある、たくましい植物だからこそ、稲作が発達し、米が主食の座を獲得したのだろう。

バスが十日町にある、ほくほく線まつだい駅前に到着したのは予定どおり午前一〇時。まずは現地で米づくりを担うNPO法人「越後妻有里山協働機構《えちごつまりさとやまきょうどうきこう》」が運営する「まつだい棚田バンク」のスタッフにご挨拶。彼らが用意してくれた長靴選びとなった。サイズ選びは慎重に。大きすぎると田んぼの泥に埋まって脱げてしまうこともあるらしい。で、ちょっときつめのものにした。

ゴム状のすぼまった口を開いて足を力任せに押し込むと、膝小僧まですっぽり入った。それから日焼け止めクリームを顔に塗り、タオルを首に巻き、帽子をかぶって準備万端。水筒はなしで大丈夫。棚田の畦に美味しい麦茶が用意されているという。

いよいよ棚田へ出発。みんなの先頭を切って歩く自分に気づいて、いささか恥ずかしくなった。参加者の中では最年長というのに。なんという勇み足。

急な坂道を上り切ると、真夏のような日射しの下で、棚田が手招きして待ち構えていた。なだらかに下る斜面に、田んぼが段々に連なっている。全部で五枚。苗は富山から運んできたコシヒカリの原種だ。「ゲンシュ」というピュアな言葉の響きに、ムクムクとやる気が起こってくる。

ひと口にコシヒカリといっても、土壌や病虫害対策で品種改良を重ねて、もとの、というか、昭和三〇年代に一世を風靡したものとは、今ではだいぶ味わいが異なるものになっているらしい。もちろん、土地によっても味はずいぶん変わるという。

魚沼産のコシヒカリは、ふっくらと焚き上がって粘り気のある食感が有名だ。でもぼくはあの独特な香りも好みです。この香りを、あまりうまく言えないが、自分なりに表現すると「田んぼ臭い」というか、土と緑のエキスが詰まったような里山をほのかに感じさせる匂い！　これが好きなのです。この香りが味を引き立たせるんですね。原種というからには、きっと昔ながらのこんな味わいを強く感じさせるに違いないのです。

腰に籠をくくりつけて、そこに長さが一五センチばかりの苗を入れた。で、この苗を二、三本ずつ束にして植えていくという。やっぱりどう見ても、こんなちっぽけな苗で、本当に大丈夫なのか、と疑ってしまうのだが、ここはプロの農家が言うことを信じよう。

畦道を下り棚田の脇に立って、あらためてわれらの田んぼを見渡してみる。上から眺めるのと、実際に下って直近で見るのとでは大違い。広い！　一枚の田んぼが、思いのほか広い。

みんなでがんばっても、今日中に終えることができるだろうか、ちょっと心配。

「まず、これを水面に敷いてください」

手渡されたのは、なんと黒い大きな巻き紙。幅は一メートルほどある。いったいこれはなんだ？　水面に紙を敷き詰めながらの田植えなんて、聞いたことがないぞ。

どうやらこれは、畑に敷く雑草対策用のシートと同じ発想のものらしい。その名はマルチシート。何しろこの棚田は無農薬栽培だから、雑草がまたたく間に生えてしまい、イネの生育を阻む。だから定期的に草むしりをしなければならない。無農薬栽培の難点は、この雑草取りに大変な労力がいるところだ。そこでこのシートを敷き詰めて雑草を生えにくくするという。シートで田んぼに蓋をして日光を遮断すると、植物は光合成ができないので育たない。よって雑草がはびこる余地がなくなる。そういう仕組みだ。なんてかしこいんだ！

「去年、試してみたらとてもうまくいったので、今年も採用しました」と、まつだい棚田バンクのリーダーである竹中想さんが言う。

「紙の上に実ったイネなんて聞いたことない。なんだかすごいことをやるんだね」とぼくはうれしくなった。

「シートは、いずれ自然に溶けて地面に吸収されますよ」と、竹中さん。

完全な無農薬栽培の田んぼなど全国でもまれ。ましてやマルチシートを使う栽培方法を実践しているところは、まだほとんどないらしい。ということは、ぼくらは最先端！の田植えをコシヒカリの原種という古い伝統的な苗でやるということになる。伝統と最先端のコラボである。

つまりぼくらはフロンティアというわけだ。誰もまだやっていないことをやると思うと、気分ががぜん盛り上がる。

マルチシートを小脇に抱えて、ついに田んぼに入るときが来た。ぼくは田んぼに足を踏み入れる決定的瞬間を、なんとかネーミングしたいと考えて、あらかじめ用意してきた言葉がある。それが「入田《ニュウデン》」。

誰よりも先に入田しよう。そう決めていたから、先頭を切って田んぼに足を踏み入れようとした。

しかしその一歩がなかなか踏み出せない。ぼくは週に二回、ジムのプールで泳いでいる。プールに入水するのはなんでもない。というより気持ちいい。しかし入田には足がすくむのだ。

「どっちの足から入ってもいいんですよね」などとバカなことを聞いている自分が恥ずかしい。きっと水面からは、底に沈む泥がよく見えないのが原因だろう。

まさか底なし沼ではないだろうけど、やっぱり足を入れるのがちょっと怖い。しかし、ぼやぼやしているとほかのメンバーに先を越されるぞ!

気持ちを奮い立たせて左足から入田した。と、とんでもないことに……。

3 田植えは「競争」ではなく「共同作業」である

泥土の中に潜んでいる何者かに引きずり込まれるように、左足が田んぼにずぶずふと埋まった。右足は畦に残ったままの大股開き。小脇に抱えたシートを放り投げて、右手で畦にしがみついた。

かろうじて水面にダイビングは避けられたが、これほど田んぼが深い！とは想像しなかった。

気を取り直して右足も田んぼの中へ。これでめでたく入田完了。さて、次は体の向きを変えてシートを取ろうとしたが、今度は足がまったく動かない。水を含んだ泥って、こんなに重いのか！　まっすぐ上に足を引き抜こうとしても、びくともしないのだ。

「踵《かかと》から抜くように」と、どこからかアドバイスが飛ぶ。

つまりこういうこと。踵を先に持ち上げて、足首をなるべくまっすぐにして、足を引き抜くのだ。それから、あらかじめ見当をつけていた位置にゆっくり着地させる。田んぼの中では、たった一歩を踏み出すのにも、コツがいるのだ。

苗は前後左右に三〇センチ間隔で植えていく。つまり一辺が三〇センチの正方形を想定すると、その四つの角にそれぞれ苗の束を植えていくという案配だ。それが正しいイネの間隔となる。三〇センチとはほぼ一尺《しゃく》のことだ。昔の単位「尺」の起源は、稲作からきているのかも。

マルチシートを水面に少し広げると、あらかじめ苗植えのポイントがペンで記されていた。ぼくら素人のために、用意してくれていたらしい。それを目印に指で穴を開けて、そこに苗を植え付けるのだ。なるほどねえ。

さて、いよいよ田植えのスタート。最初の一束だ！と慎重に構えて植え付けようとしたが、泥土の表面がフワフワ柔らかくて、ちゃんと植わったのかどうか手ごたえがない。まあ、こんなものかと、幅一メートルほどのシートに、横一列に四カ所植えていく。田植えは後ろ向きで進む。二列植えると足を左右一歩ずつ後退させて、同時に三〇センチ分のシートを後方に広げていく。広げては植え、広げては植え、の繰り返しなのだ。しかし四束の苗を植えるのには二〇秒足らずだが、泥の中で両足を後ろにずらすのに二分はかかる。なんとも手際が悪い。

田植えの実感値は手植えそのものより、泥土と足との格闘にあるようだ。翌日、太ももの筋肉痛に悩まされる素人が多いという話に納得する。

「足跡の穴には苗は植わりません。気をつけて！」

畦道からスタッフの声が飛ぶ。その指示で合点がいった。ときどき、苗をさしても水に浮いたような状態になる箇所がある。これは足を踏み込んだときに開いた泥土の穴に苗をさしてしまうからだ。

となると、足を踏む場所と苗付けの場所とが重ならないように慎重に後ずさりしなければならない。これがなかなか厄介。水が濁っているし、泥が重くて簡単に足が引き抜けないので、思いのほか難しい。

田植えは後ずさりが基本。なぜ前に進みながら植えないかというと、それでは植えつけた苗を踏んでしまうし、後ろを振り返れないので、正しい位置に苗を植えたかわからなくなるからだ。逆に後ずさりしながらの作業だと、今度は濁った水底を踏んでできた穴が見えないので、そこは勘ということになる。足の踏み場所と苗の植え場所の位置取りは、やはり付け焼き刃ではなかなかうまくいかないのです。

それでも一〇メートルほどなんとか植えた。しかし隣で植えていた若いカップルが敷いたシートとぼくのシートの間に隙間ができて、それがだんだん広がってきている。これはまずいぞ！

知らず知らずに隣の二人に対抗心が出て、負けないようにと焦ってしまい、巻かれたシートを広げながら敷く、その方向が少しずつずれて、隣との隙間が広がってしまったのだ。最大で二〇センチほどもあるだろうか。スタッフに気づかれてしまった。隙間ができるとそこから雑草がふき出してきて、最先端の「シート栽培」（勝手に命名）が台無しになるらしい。

竹中さんいわく「あとで隙間をシートでふさぎましょう」。こちらは「申し訳ありません」とうなだれる。

田植えは「競争」ではなく「共同作業」だと心がけること。やっぱりこれが基本だな。

気がつくと、植え付けに夢中になっていて、暑ささえ忘れていた。サファリ帽から長袖、長靴、手にはゴム手袋と全身を完全に覆っているのに、暑い！という感覚がない。

すでに気温は三〇度を超えているらしい。平年の田植え時の最高気温は二〇度くらいだという。なんと一〇度も高いじゃないか、これは暑すぎるだろう。

にもかかわらず、暑さをそれほど苦痛に感じないというのは、きっとぼくはどうかしているんだろうな。田植えという行為には、人を夢中にさせる何かがあるに違いない。でも、それはなんだろう？

はっきりとわからないが、ただ一つ明らかなのは、人として「正しい行ない」で汗を流しているという肯定的な気分、これが心地よいのだ。そこに疑問をはさむ余地はない。無駄なことをしているとか、楽しいか、楽しくないかなどという「雑念」は浮かんでこない。ただ黙々とやるだけ。

ふと顔を上げて腰を伸ばす。目の前に自分が植えた苗が一直線に並んでいる。

働いた成果が目に見える。なんて具体的でわかりやすいんだ。

普段ぼくの仕事は、この田植えのように具体的に視覚的に成果を実感できるという瞬間が少ない。どれも抽象的でふわふわしている。その点、田植えは明快な実感を得られる。田植えは具体的で実存的だ。

そんなことをつらつら考えていると、突然、パン！　パン！　という音が裏山あたりで鳴った。ぼくは思わず肩をすくめた。間違いなくそれは銃声、だった。

4 上手な田植え、下手な田植え

パン、パン、パンと、立て続けに破裂音がとどろいた。山のほうから。うっそうと茂る木々の間から、乾いた銃声が間欠的に聞こえてくる。ぼくは田植えどころではなくなった。

「弾が飛んでくることはないから安心してください。猟友会の人たちが練習しているんですよ」と、竹中さんが教えてくれたのだが、「安心して」と言われても、やっぱり少しおっかない。そういえば最近は、山に棲むクマやイノシシが、たびたび人里に下りてきて問題になっているらしい。

「ところで、このあたりにはイネに悪さをする害獣はいるんですか？　芋や野菜、果物がサルやシカに荒らされるという話はよく耳にするけれど」

「それがいるんですよ」

竹中さんが真顔で答えた。

いちばん厄介なのがイノシシだ。春に苗を植えて、半年かけて育て上げ、いよいよ収穫間近というときになって、イノシシが親子連れで現れることがある。田んぼに踏み込んで、イネをなぎ倒すように地面に背中をこすりつけていく。それも何カ所にもわたって。イノシシは穂を食べるわけではなく、ただ遊ぶように荒らして帰っていく。あとには無惨に倒されて、刈り取ることができないイネが残される。

「まるで嫌がらせにやっているようで、ほんとに嫌になりますよ」

里山にある棚田ならではの話だ。イノシシは背中を稲穂にこすりつけて体毛に付いた虫でも取っているのかもしれない。しかし、ぼくは彼らが人間に嫌がらせをしているのだと思う。実はイノシシはとてもかしこい。食欲という本能だけで生きる愚鈍な動物ではない。彼らは山の中で人間を観察している。人間には悟られぬように、身をひそめて木の葉の隙間からぼくらを、じっと見ているのだと、ある動物学者が言っていた。

米という主食となるイネを、イノシシが荒らすのは、軽はずみないたずらなどではない。彼らはいつなんどき、人間に撃たれて、ジビエ料理にされるかもしれないことを、よく知っているのだ。人間が大事にしているイネを荒らすのは、これ以上、山に近寄るな、というシグナルじゃないかな、とぼくは想像する。

しかし、やっぱり冗談じゃない！　苦労して育てたイネを簡単に駄目にされてはかなわない。普段のぼくはどちらかというと、野生動物保護に意識がいきがちだが、実際にこうして田んぼで汗を流してみて、もし万が一このイネが台無しにされたらなどと考えると、許せない！と思う。ぼくはすでに農家目線で田んぼを見ていた。

さて、田植えを再開。腰につけた籠の中がカラになりつつある。根《こん》を詰めてやりすぎて熱中症で倒れたりすると、みんなに迷惑をかける、という思いが頭をかすめつつ、「すいませーん、苗をくださーい」と、自然に声が出てしまう。畦に待機する女性スタッフに声をかけて、追加の苗を投げてもらうのだ。いったん田んぼに入ると、ぬかるむ泥土の中を歩いて畦に上がるのはひと苦労。そこで、待機しているスタッフに声をかけて苗を頼むことになる。

ぼくが苗を投げてもらったのは若い女性だった。ずばっとストライクで苗が胸元へ届く。聞くと、地元の女子サッカーチーム「FC越後妻有」の選手だという。FC越後妻有の選手たちはサッカーをやりながら、まつだい棚田バンクのスタッフとして農業もやっている。なるほど、スローイングで培ったのか、さすがのコントロールだ。

苗が届くと、なぜか自然に手が動いてしまう。こんな短時間で動きが身についたというわけではないだろうが、体が自動化されたみたいで、ちょっと不思議な感じだ。

「休んで麦茶を飲んでください」と畦道から声がかかった。そろそろ正午だ。気づくと、それまで田んぼに入って熱心に働いていた人たちが、ずいぶん少なくなっていた。みんな日陰に入ってひと休みだ。

腰を起こして、あらためて自分が植えた苗を眺めてみた。シートのゆがみからできた隙間もふさいで、われながらいい出来だと思える。少し離れたところで手際よく苗を植え付けていた男性がいた。彼の苗と自分の苗を比べてみた。

並びは同じようなのだが、よく見比べると植えた苗一束の本数に違いがあった。その人の場合は、どの束も二、三本と揃っている。ところがぼくの場合は、四本や五本の束もところどころ交じっている。最初のうちは二、三本ずつ丁寧にやっていたのだが、途中から本数にばらつきが出てきて、多めになっているものがあった。

理由は苗のブロックから少しだけちぎり取るのが、次第に面倒になるからだ。四、五本と多いほうが楽にちぎり取ることができる。しかし多い分にはさして問題ないだろう。そもそも、こんなにかぼそい頼りない苗なのだから、むしろ少し多めのほうがいいのではないか。

ところがこの「大は小をかねる」という素人の感覚が大きな間違いだった。麦茶で喉を潤すために田んぼから上がろうとしたとき、ある異物が目に飛びこんできた。それは決してそこにあってはならないものだった!!

5 腹が減っては田植えができぬ

田んぼに広げたシートの上に緑色のかたまりがドンと置かれている。直径一〇センチほどもある。苗の束なのに、かたまりになるとその異物感がすごい。腰に下げた籠から取り出してシートの上に置いたまま、誰かが忘れていったのだろう。おいそれと取りに行ける場所ではない。その苗のかたまりのまわりは、すでに植え付けが終わっていて、長靴でズカズカと入っていくと、せっかく植えた苗を駄目にするだろう。敷いたシートを破いてはもともこもない。

「あれはひどい！」と、参加者の一人が言った。

でも、それほどひどいものだろうか？　このまま放置すると、どんなイネに育つのか。案外、太いイネになるのかもしれない。

誰かが竹中さんに報告した。すると彼は、顔を曇らせて「あれは病気のもとになりかねないので、あとで取り除きます」と言った。病気？　まさかそんなに悪いことだったとは、驚いた。「いや、ぼくが取ってきます」と言いたいところだが、言葉をのみ込んだ。そろそろ太股にこわばりが出てきていた。取りに行く途中で転倒でもしたら、せっかく植えた苗を何本も台無しにするだろう。

それにしても、田んぼに置き忘れた苗の束が、病気の発生源になるかもしれないとは、いったいどういうことか?

これはあとから知ったことですが、ここで少し説明します。苗を二、三本の束にして、それを前後左右三〇センチ間隔で植えるというのは厳密な理由があってのこと。一束の苗が多すぎたり、間隔が狭すぎると、太陽の光が茎と茎との間まで届かない。そうなると「分蘖《げつ》」と呼ばれる枝分かれがうまくできなくなる。イネというのはこの分蘖を繰り返して、大きく育ち、たくさんの籾《もみ》をつけるのだ。

三〇センチと広めに間隔をあけて植えるのも、光を全体に行き届かせるという理由から。イネの生育には太陽、つまり天候がとても大事なんだね。だから長雨や曇り空が続いたりすると、収穫に響くことになる。つまり三〇センチという距離は、イネにとってのソーシャル・ディスタンスというわけだ。

日当たりが悪いと、生育に影響するばかりではない。あのシートの上に忘れられた束などは、生育しないばかりか、立ち腐れして病気が発生することにもなる。

とにもかくにも太陽がイネの実りを決めるといってもいいわけです。太陽と水と土の案配《あんばい》で、イネは爆発的に成長し、あのかぼそい苗から信じられないほどの米粒がとれるということですね。このたくましい生命力があるからこそ、それを食料としてきた人間は繁栄できたという次第。

さて、話を田植えに戻しましょう。

気がつくと、時刻は正午を過ぎていて、もう二時間ほども田んぼの中にいたことに。田んぼの泥から足を引き抜き畦に上がると、急に足が軽くなった。しかし今度は地面の硬さに違和感を覚える。

実は一昨日、田植えの準備運動と称してエクササイズをしすぎたのだ。おかげで腰に痛みが出て急きょ昨日、針灸治療を受けた。本当は今日の田植えはちょっと心配だったのだが、実際にこうやって作業をしても、体に痛みやこわばりは感じない。辛いという感覚もない。人間、初めてのことには熱中できるものだ。きっと念願の田植えで、気持ちが高ぶっていて体の変調には鈍感になっているのかも。明日の筋肉痛が心配だけど、まあ、そのときは仕方がない。

そしてついに、待ちに待った昼飯の時間がやってきた。が、昼食の用意ができていないという。えっ、どういうこと？　もう時計の針は午後一時をさそうとしているのに。仮設のテントの下や木陰に田植え参加者が身を寄せ合って、届くはずの弁当を待っている。

田んぼから上がったあと木陰に入り、タオルで汗を拭いながら麦茶で梅干しの入ったにぎり飯にかぶりつく。これがぼくがかねてから思い描いていた田植え昼食のイメージ。一生に一度の記念すべきランチタイムになるはずなのに、肝心のメシがない！　用意してもらっているはずなのに。いったいどういうこと？

真相が判明した。昼飯はコンビニで買い揃えたおにぎりや弁当ではなかった。なんと料理家のマツーラユタカさんが、この日のために腕によりをかけてつくった豪華料理だという。それをぼくらのために、わざわざ東京から運んできて、松代の地で仕上げるというのだ。道路が混雑して到着が少し遅れて、時間がおしているらしい。なるほど、プロが手間暇かけてランチをつくってくれたというのか。

これはありがたい。でも、やっぱり腹が鳴る。

うーん、メシはまだか！

6 田植えはセレブレーション

昼飯を積んだ車がついに到着した。待ちに待ったランチタイム！　早朝に東京を出て、はるばるこの松代で仕上げられた料理が、田んぼ脇のテーブルに次々に並んでいく。

おお！　にぎり飯がちゃんとあるぞ。米づくりに汗を流したあとの昼飯は、やっぱりにぎり飯がいちばんだ。

気がつくと、背後に熱い眼差しが。それまで憔悴した表情を浮かべ日陰にへたり込んでいた人たちが、いつの間にか目をランランと輝かせ、料理を取り囲んでいる。さすが米づくりに汗を流そうというメンバーだ。食べ物への探求心はことのほか高い。なかには小さな子どもたちもいる。おっと、ここは一歩後退して、この子らを先に。

と、マツーラさんによる料理の説明が始まった。みんな熱心に聞いているのだが、ぼくはともかく早く口に入れたくて、うずうずしている。

にぎり飯だけでも三種類を用意。具だくさんの味噌汁もある。新潟の車麩は唐揚げにしているとか。わらびと大根のマリネ。これも旨そう。味噌は隣県の山形から。マツーラさんの故郷だという。新潟、山形とご当地にゆかりのある素材と料理をわざわざ揃えてくれたのだ。

のちほど新潟名物、笹団子のデザートもあるという。この笹団子は東京の新潟物産店から仕入れて、今日ここへ運ばれてきた。つまりUターン、里帰りした団子である。これもまた楽しみ。

さっそく料理を皿に盛ると、ぼくは味噌汁からではなく、いきなりにぎり飯にかぶりついた。やっぱりご飯です。少し甘めの味噌を塗ったご飯に高菜を巻いた一品。弁慶飯というらしい。小ぶりだが、硬く締まった口当たりが頼もしい。硬めに握ってくれたのは、移動、運搬を考えてのことだろう。しかしこの実質的で、腹にしっかりたまる感じは、エネルギー補給が大切な肉体労働にぴったりだ。

ほかの二種のにぎり飯も、そしておかずも、全体に味がしっかりとして、メリハリの利いたものばかり。普段、塩分の取りすぎを気にかけて、薄味に我慢をしている身としては、これもまたうれしい。

なにしろ体を使って汗をかく仕事では、適度な塩分を含む料理が必要不可欠。デスクワークの合間に食べるランチと同じでいいわけがないのだ。

昨今、炭水化物抜きダイエットが流行っているが、太ることを気にしてなのか。理由は人それぞれだろうが、炭水化物がやたらと悪者扱いされるのは、現代人の多くが肉体労働から離れてしまったからだろう。これから体を使って汗を流そうというとき、すぐれたエネルギー源となるのは、やっぱりメシ＝米という炭水化物だ。

そういえば日本人は、長い間、肉類をほとんど口にしなかった。動物性タンパク質というと鶏肉と魚くらい。それも食物全体の割合からみるとわずかである。古代の律令制度でも、課税の対象は田んぼで、畑地は除外されたくらいで、日本人の食はあくまでも米中心だった。

豊臣秀吉は、米の石高（生産量）を基準にして国造りをして、江戸時代までそれは続いた。ともかく米は人々の命を育み続け、稲作は経済の柱だった。

米そのものの「旨さがわかる」というのは、実に幸せなことだなあ、などと思いながら、ぼくは麦茶で飯粒を胃袋に流し込んだ。

畦での豪華な昼食をいただいて、一つ発見があった。ぼくの思い込みかもしれないが、そう的外れではないだろう。

笹団子をいただいたときのことだった。「お小昼《こびる》」という言葉を思い出した。『広辞苑』によると、小昼とは昼時に近い時間のことで、もう一つの意味は「おやつ」だ。たいていの農家では、田植えではこのおやつを食べるのが、当たり前だという。

そして、今日のお小昼は笹団子というわけ。おいしい昼食を堪能し、お小昼を食べ終わると、はたと気づいたのだ。

きっと昔も田植えのときは、その時代にふさわしい豪華な昼食を食べていたのではないか。田植えというのは昔から特別なものなのだ。農家にとって田植えは、春、夏、秋と続く稲作の本格的なスタートである。しかも家族から親戚まで呼び寄せてのいっせいの大仕事。つまり一連の農作業の中でも、やっぱり特別！なのだ。そこには今のハロウィーンやクリスマスのようなお祭り的なムードが漂っていたに違いない。

田植えにことのほかおいしい昼食が用意されたのも、きっとそういうことだったわけですね。田植えは大地のセレブレーションでもあるのです。

リアルな農業に縁遠い都市に住むぼくらが田植えに憧れるのは、稲作民族としての隠れたDNAによるものかもしれないな。

ヨーシ、腹ごしらえしたあとは、もうひと汗かくか。

7 ぬるぬる、ずぼずぼ、むにゅむにゅ

おいしい昼ご飯をいただいて麦茶で喉を潤すと、再びやる気が出てきた。いざ、午後の第二ステージに向かおうとしたとき、はたと気づいた。棚田に出てからまだ一度もトイレに行っていないのだ！　田んぼに入る前に、熱中症を心配して、ミネラル水をたっぷり飲んでいたのに……。

気温はすでに三〇度に達している。きっと体中の水分が尿までいけずに、汗で放出されたのだろう。普段のデスクワークだと午前中に何度もトイレに行く。いささか頻尿気味で困っていたのに。これはいかん、もしかするとぼくの体力は、知らないうちに限界に達しているのか？　少し作業を自重し、麦茶をたくさん飲もう。

と、自分をいさめていると、なぜかあたりが騒がしい。

一人の青年が青い顔をして立ちすくんでいる。田植えに参加しているカエル嫌

いの新人編集者、河野大治朗くんだ。無農薬だから田んぼにはきれいな緑色のアマガエルやヒキガエルが跳ねている。オタマジャクシも泳いでいる。それが「嫌だ」と、しかめっ面をしていた現代っ子だったが、こんどはヘビでも出た？

騒ぎの原因はｉＰｈｏｎｅだった。どこかに置き忘れたらしい。試しに仲間のスマホを借りて自分の番号に電話をしてみても、着信音は聞こえなかった、という。もしや、そいつは田んぼにもぐり込んでしまったのか。平たい板チョコのような電子機器が、音もなく水面を突き破って泥の中に突入するシーンがぼくの頭をかすめた。

ぼくも田んぼの中で中腰で作業をしているとき、シャツの胸ポケットに入れたメガネを落っことした。幸いメガネはシートの上に落ちて泥に沈まずに難を逃れたけれど。田んぼに入ると、苗を植え付けることに夢中になって、ほかのことには注意が散漫になる。おまけにこの暑さだ。スマホの落下に気づかないということも十分考えられる。何しろ田植えに要する集中力は独特なのだ。

田植えは手で苗の束を横に一束、二束、三束、四束と植えて、一歩後退し、また横に一束、二束という単純作業で、いつの間にかリズムが出てくる。不思議と雑念が消えて、気がつくと、あっという間に時間が経っているという感じ。リズムにのった田植えは抜群の集中力を生み出す。

こういう感覚は日常生活ではなかなか味わえない。なぜかというと、日常とは雑念のかたまりで成り立っているからだ。次から次に別々の思いや妄想や思考が起こり、頭の中はめまぐるしく回転している。言葉はまとまりに欠け、思考は横道にそれてしまい、その後始末が煩雑きわまりない。

しかし田植えの最中はそれがない。雑念のない、ちょっとした瞑想のひとときともいえる。マインドフルネスという瞑想を利用した心のリフレッシュ方法がある。それもいいが、みんな田植えをやったらいいんじゃないかなあ。そう、田植えは最高のマインドフルネスなのだ！　午前中の二時間ばかりで、ぼくの体は疲れても気分はすっきり。田植えにちょっとした瞑想効果があるなんて、都会のみんなは知らないよねえ。実にもったいない話だ。

さて、話は田植えに戻る。苗の植え方にはいろいろな方法がある。今度はマルチシートを使わずに「枠植え」に挑戦することになった。

枠植えは格子型に組まれた木枠を使う。あらかじめその木枠で泥の上に格子状にくぼんだ線を付けておく。その線の交差点が苗を植えつけるポイントとなる。つまり木枠でつくった印が、一尺＝約三〇センチの間隔を正確に教えてくれるというわけ。いわば植え付けのルート案内だ。

こんどは長靴を脱いで、裸足になって田んぼに入ることにした。やはり田植えをやるからには、一度は田んぼの「泥」を直に体験したい、皮膚感覚で味わいたい、と思う。みんなそうでしょ？

畦を歩く足どりが、長靴を履いたときより、見違えるほど軽やかになった。そして、いよいよ入田。

おお、なんという快感だ。ぬるぬる、ずぼずぼ……。子どもの頃に、ぬかるみに足を突っ込んで遊んだことがあったが、そのときとは、はるかに深みが違う。この泥はまるでマヨネーズだ。マヨネーズの中に膝元《ひざもと》まで足を突っ込んだ感じ。足の指の間から、むにゅむにゅとマヨネーズが吹き出してくる。泥の快楽だ。おまけに、ひんやりと冷たくて心地よい。

知り合いの人類学者が面白い話を聞かせてくれたことがある。弥生時代の遺跡から出た水田跡に人間の足跡が残っていたのだという。興味深いのは、その足跡の歩幅がまちまちで、ふらついて歩いたように見えることだ。不自然に途中で直角に方向を変えている。人類学者は、酔っぱらった男が遊び半分に水田に飛び込んでつけたものだと推測している。当時の水田は命の糧を生み出す神聖な場所だった。しかし、ある弥生人にいたずら心が芽生えて、酔った勢いで羽目を外し、水田に飛び込んだに違いない、と人類学者は言う。

ぼくは裸足で入田して、弥生時代のその人物の気持ちがわかった気がした。田んぼの泥に足を入れるのは、なんともいえず快感なのだ。酔っていても、いなくても。あの足跡が急に直角に曲がっているというのは、きっと見つかって長老か誰かに叱られて、驚いて逃げたのではないかなあ。その光景を思い浮かべると、自然に笑みがこぼれる。

ぼくらは普段、硬いコンクリートや床の上で靴やスリッパを履いて暮らしている。現代人が裸足になるのはベッドに入るときぐらいだろう。田んぼの泥という、なんとも言いようのない、柔らかくやさしい感触が非日常感、ハレの世界へとぼくらを導く。その意味でも、裸足の田植えはやっぱり最強のマインドフルネスと言える。

しかしここで、一つの疑問が浮かんだ。

ぼくも、みんなも当たり前だと思っていること、水田に水がたまっていることは、実はとても不思議なことなんじゃないか。泥土がないと水田はないし、ぼくらは米を食べられない。で、その泥はいったいどこから来るの、なんで水は地中にしみ込んで、干上がってしまわないの?

8 田植えの快感を知ってしまった

「里山には自然が残っている」というけれど、これは嘘だ。ぼくは松代に来て田植えをして、そのことを実感した。

山をいろどる緑はかつて植林したり、人が手を入れた樹木がほとんどだし、水田も畑の植物も、たくさんの人が丹誠を込めて、苦労してつくり出したもの。つまり自然を利用した人工物だ。田舎には自然がいっぱいというイメージは、むしろ田舎に対して失礼ではないか。イネは放っておけば「自然」に米になるわけではない。そもそもこのぬるぬると「不自然」に気持ちいい泥土も、人が苦労してつくり上げたものだ。

泥土のことを正式には作土層《さくどそう》という（これは事前にちょっと勉強しました）。作土層とはつまり、人が「作《つく》った土」をならして、一定の深さに成形したもの。この工程がうまく仕上がったから田には水がちゃんとたまり、苗が根を張れるんだね。

田んぼの基礎である作土層をつくるところなんて、都会に暮らすぼくらは、ほとんど目にする機会はない。こういう土をつくるところから始まる農家の隠れた労力も知らずに「プチ農業でもやって、定年後は晴耕雨読で過ごしたい」なんていうお気楽な人にはうんざりする。田畑でやる仕事には、修練によって培った技術と体力がいるということをほとんど理解していないんだなあ。と、自分も土素《ド》人のくせに、気づけば心の中で悪態をついているのは、きっと足腰が限界に達し始めているからだ。疲れると、人はどうしても不機嫌になってくる。

ところがいったいどうしたことか、それから一時間後には、もう心が弾み気分が晴れやかになっていた。これが田植えのもつ不思議なパワーなのだ。気分高揚の秘密は、初体験した手植えスタイルのおかげだ。それはまさに田植えの醍醐味だった。

では、ここで少し一般的な田植えのやり方についてお話しします。現在の田植えはほとんどが機械を使ってやる。だから、ぼくらが普段スーパーなどで買って食べているごく普通の米には、手植えで栽培されたものはない。そう言い切ってもいいくらい。

しかし今回の田植えは、もちろん人の手で直に植える「手植え」だ。その一種である「シート植え」と「枠植え」という二つのやり方はすでに体験ずみ。しかし手植えには、代表的な手法がもう一つあったのだ。

「せっかくだから、最後の一枚はヒモ植えをやってみませんか?」と、竹中さんがみんなに声をかけた。

「ヒモ植え」? その単語をぼくはこれまで一度も耳にしたことがなかった。ところが、参加者の中にはすでに知っている人もいるらしい。ぐったり疲れた顔で休んでいた人たちが、その声を聞いて、さっと立ち上がった。「ヒモ植え」という魅力的な言葉にいざなわれて、みんないっせいに田んぼに入る。入学前の子どもからおじさん、おばさんまで。若いカップルもいる。男女混合、年齢もさまざまだ。

そういえば手植えが当たり前だった昭和の半ばまでは、家族全員、親戚、隣家の人なども集合して一つのグループをつくり、いっせいに入田したという。これぞまさに田植えの真骨頂である。

いよいよ初体験のヒモ植えの始まりだ。総勢二〇名ばかりが、田んぼの端っこに横一列に並んだ。畦の両側にまつだいい棚田バンクのスタッフが立ち、みんなの前に張られた二〇メートルばかりの細いロープの両端を持つ。このロープを使うところから「ヒモ植え」という名がついたに違いない。

「みなさん、いいですか？　ではスタート！」

かけ声を合図に老いも若きも、いっせいに腰をかがめ、手にした苗を植え始めた。一人当たり三束を一尺＝約三〇センチの間隔で、ヒモに沿って自分の足もとに植えつけていく。全員が三束を植え終わると「いいですかあ、ヒモをずらします」と声がかかる。するとみんなで一緒に、一尺ずつ後ろに足をずらして後退。その分だけヒモも後ろに下げられる。これを繰り返していくわけだ。

まさに息を合わせた共同作業で、自分だけ先走ったり、遅れたりはできない。「一人はみんなのために、みんなは一人のために」だ。うん、ちょっと違うか？　まあ、いい。

ヒモ植えにはリズムが大切。やっているうちにだんだんそれがわかってきた。一束目、二束目、三束目をさして、それから足を半歩後退とテンポよく動けるようになると、田植え全体がスムーズに進行する。要はリズムだ。そういえば全国各地に田植え歌というのがあるらしい。もしかすると、昔はリズムをとり歌いながら田植えをやるということもあったのだろうか。

「終わりましたあ、次！」

どこからか、元気な子どもの声。のろのろやっている大人が待ちきれないとでもいうようだ。その得意げな声の調子に、あちこちから笑い声が上がる。たしかに体が軽い小さな子どもは、田んぼの泥の中でもうらやましいほど動きが早い。その子の声に励まされて、こちらも気持ちを入れ直し、ギアを一段上げた。

そうこうするうちに、最初は遠いと思っていた後方の畦に、気づけばもう尻がつくまでのところに来た。本当にあっという間！

「はい、お疲れ様でした」とフィニッシュの声。えっ、もう終わったの？と拍子抜けするくらいだった。

　それぞれがばらばらに植えているときにはなかったスピード感と充実感。不思議なことに体の調子もよくなった。「これが田植えの真髄だ」と、ぼくは納得した。結局、田植えとはチームワークなんですね。それにしても、即席のチームなのに、なぜこんなに一体感があるのだろう？　きっと目の前に自分たちの「成果」が残るからだろう。みんなで調子を合わせて同じ動作を繰り返し、汗を流したからだろうな。緑色のかぼそくて美しい苗の連なりを眺めながら、ぼくは田植えの本質を見極めた気がした。

「藤原さん、七月には草刈りがありますよ」

　竹中さんの悪魔のささやきだった。ぼくは思わず「来ます、草をむしって、むしり抜きます」と、答えた。が、はたして真夏の日射しにぼくの肉体は耐えられるだろうか？　うーん、調子のいい返事をしたことにちょっと後悔の念が――。

草刈り

田植えは楽しかったのに、なぜ、草刈りはこうも辛いのか？

9 草刈りと草取りは違うのだ

そして夏がやって来た。東京から新幹線に乗り田んぼを目指した。ほくほく線のトンネルを抜けると、そこは棚田の町だった。ほどなくして、汽車（本当は電車だけれど新潟ではみんなこの呼び方だとか）は、まつだい駅に到着した。

二〇一九年七月八日、降り立ったホームは、緑の香りに包まれていた。久しぶりの美味しい空気を胸いっぱいに吸い込む。時刻は午後三時。車窓から眺めた魚沼の田んぼにはどこも人影がまったくなかった。田植えや収穫期以外、農家が田んぼに出るのは、朝五時や六時などの早朝と、日射しが穏やかになった夕方近くからの二回だという。「まっ昼間《ぴるま》に野良仕事する人なんていません」とは、出迎えてくれた竹中さん。彼とは一ヵ月半ぶりの再会となる。

たしかに竹中さんの言うとおり炎天下で、しかも日をさえぎるものが何もない田んぼでは、肉体を酷使するのは自殺行為。ましてや農家は毎日なわけだからね。

「今年は思いのほか涼しいので、すぐに田んぼに入りましょうか？」

竹中さんの言葉にぼくは飛びついた。五月の田植えのときは、三〇度を超える真夏日だった。それに比べると、今は二五度。これなら楽勝だ。江部さん、写真家の阪本勇さんと一緒に、さっそく長靴に履き替えた。

ぼくらだけではとても手が回らないだろうと、越後妻有里山協働機構の淺井忠博さんも草刈りに加わってくれることになった。淺井さんは広報担当で、田んぼに入ることはめったにない。今回は特別参加だ。ありがたいなあ。

全員で棚田に向かう。目印は山肌に棚田を見守るように高くそびえ立つ赤い巨大なトンボだ。駅のホームからも見えるちょっとしたランドマーク的存在の芸術作品。それがだんだん近づくとともに、ぼくの足も速くなっていく。田植えの成果を早くこの目で見たい！　期待に胸が膨らむ……。

おお、やったじゃないか。田んぼの景色が一変していた。田植えのときは水面からほんの少し顔を出す程度だった小さな葉っぱが、もう三〇センチ、四〇センチと伸びていて、まるで緑の絨毯だ。「育っているぞ！」とぼくは声をあげた。が、近寄ってよくよく見ると、驚くべき実態！が明らかになった。

イネとイネとの間には素人目にもわかるさまざまな雑草が繁茂している。遠目には緑の絨毯のように見えたが、それは雑草のせいだったのだ。無農薬栽培の残酷な現実を目の当たりにして、早くも心が折れそう。

「藤原さん、草刈りを始める前から、もう肩が落ちている。疲れ果てた感じですね」と背後から阪本さんの声。落胆が肩にも出ていたのだろう。気を取り直していちばん奥の、シート植えした田んぼに向かった。マルチシートで日光を遮断したので、雑草はかなり撃退できているはずだ。

さすがに威力は凄かった！　イネとイネの間に水面がしっかり顔を出している。雑草がほとんど見当たらない。これはいいぞ、と喜んだのもつかの間、「ここはひどいですね」と江部さんの声。

目を向けると、イネの列の間が五〇センチ、六〇センチとあいている。植え付けに夢中でシートとシートの間にできてしまった隙間、空白の部分だ。田植えのときに、そこも後からシートで「つぎはぎ」して覆っていたおかげで雑草は顔を出していないが、見回してみると、そんな無駄な隙間が何カ所もある。マヌケとは間が抜けること。こんなマヌケな田んぼは見たことがない。がっくりである。

しかし「悪くはないですよ」と、竹中さんが慰めてくれた。「悪くはない」というのは素人が植えたにしては、という条件付きの評価だ。農家のように田んぼ一枚当たりの収穫量を気にしなければ、生育そのものに問題はない。そう聞いて、少し気持ちを立て直し、ともかく田んぼの中の雑草に立ち向かうことにした。

しかし、いちばん雑草が繁茂する田んぼに入田しようとすると、慌てて竹中さんに止められた。「どうして？」と聞くと、「まず草刈りが先」だという。田んぼの雑草を取り除く作業は「草取り」。畦など田んぼの周囲の雑草を刈り取るのは「草刈り」だという。畦の雑草など放っておいてもよさそうだが、これが田んぼの雑草や害虫の発生源になるらしい。

そういえば、車窓から眺めた田んぼの畦は、どこも雑草がなく整っていた。まるで野球場の芝のようになっていたな。しかしこの棚田の畦は草が伸び放題になっている。言うまでもなく、除草剤をいっさい使っていないからだ。

それにしても、これを全部刈るのかい？　今回の作業日程は今日の夕方までと、明日の午前中のみ。素人目には一週間かけてもとても終わりそうにないのだが。

そんな不安をよそに竹中さんは、鎌を一挺《いっちょう》ぽくに持たせた。田舎でおじいちゃん、おばあちゃんが、片手でてきぱき草刈りしている光景が目に浮かぶ、あのオーソドックスな鎌だ。さっそくそれを片手に持って、足もとの草から刈り始めた。が、まったくうまくいかない。刃先が土にめり込んだり、空を切ったり。コツを聞くと、水平に勢いよく払うように刈るのだという。その際、使わない左手は腰に当てて、ケガをしないように注意する。畦の草刈りの基本は、田植えとは逆に前に進むこと。後ろに下がると、くぼみなどに足がはまって転んだりするからだ。この方法で作業をなんとか始めることはできた。しかし、たった三メートルほど進んだところで、もう手が止まってしまった。息が切れ、額から汗が吹き出し、鎌を握った右手の指が痛い！

これでは、お先真っ暗だ。逃げ帰るしかないか、と後悔し始めたとき、ある秘密兵器が登場した。それを目にしたぼくらは、思わず「おお！」と声をあげた。

10 草刈りで真っ青

草刈りの秘密兵器は、見たこともない大きな鎌だった。柄の長さは一メートルを超えるだろう。刃もこれまで使っていた鎌の倍ほどはありそう。見るからに頼もしい。さっそく使い方を実演してくれた。見かけどおり豪快そのもの。両手で柄を持ち、刃を右から左へ大きく振って、草を一気にバッサリと刈っていく。ひと振りでこれまでの三倍は刈れそうだ。

ぼくもすぐに試してみた。体を軸にして遠心力を利用するのがコツだ。「これなら楽だな」。さっきの小さい鎌を使うときは、田植えと同じく腰をぐっと折った前傾姿勢になり、それだけで息苦しさを覚えたが、この大鎌は体を起こしたまま作業できる。両手で柄を握るので、指の痛みも少しは軽くなるだろう。

ちょっと試しに使ってみるつもりだったが、バッサ、バッサとたくさんの草を刈れるので、いつの間にか、本格的な作業に入っていた。いったん体内のスイッチが入ると、もう止まらないという感じ。体が自然に動いていく。バッサ、バッサとリズミカルに歩が進む。しかしそれもつかの間、一〇分ほどでパタリと体が動かなくなった。ハアー、ハアーと息が上がり、腕が痛い。

そんなぼくの様子をうかがっていたのか、背後から「ビーバーを使いましょう」と、声がかかった。でも、ビーバーって？　川に大きな巣をつくるあの哺《ほ》乳類？　竹中さんが手にしていたのはエンジン付きの草払機だ。ビーバーとはブランド名だが、農家の間では草払機の代名詞になっているという。ビーバーのようによく働くという意味だろうか。

指示に従ってスターターのヒモを引くと、ブルンッと円盤の刃が回り始めた。そう、これですよ、二一世紀なんだから、やっぱり文明の利器を使わないとね。田植え機を使わずに手植えにこだわったのは誰だったのかな……。

本体に付いたベルトを肩にかけてビーバーを持ち上げる。回転をコントロールするレバーを握りしめると、グオーンといういうけたたましい音で刃が勢いよく回り始めた。たちまち轟音のバリヤーに体がすっぽり包まれた。

草をひと払いすると、すぐに地肌が顔を出した。なんというすぐれものだ。ぼくはこのマシーンの虜になった。草を払う。ムッとするような草の匂いが立ちのぼる。それがエンジンが焼けたようなオイルの臭いと混じって、鼻から脳天を刺激する。グオーン、グオン、グオーンとバイクをふかす若者のようだ。命の危険を察知した虫たちがピョンピョン跳ねながら逃げていく。人間による草と虫の小さな殺戮が続く……。

突然、回転音が小さくなった。ガタ、ガタ、ブシュン。竹中さんが「油ぎれですね。普段は、これを合図に休憩します」と教えてくれた。

夢中で刈っていたせいで、時間が経つのも忘れていたのだ。スイッチを切っても、まだ耳の奥にエンジン音が小さく居残っている。おまけに両手がジンジンと痛い。手の毛細血管すべてに電気が通ったみたいに震えている。

「今日の草刈りで、だいぶきれいになりましたね?」と、聞いてみた。しかしそばにいた竹中さんはただひと言。「いえ、ぜんぜん」。ぜんぜんってことないでしょ！　ぼくはいちばん広い畦をきれいにしたのだ。それに淺井さんも、江部さんも阪本さんも、みんながんばっていたのに。

しかしその「ぜんぜん」は正しかった。竹中さんは「まだ日があるうちに」と、ビーバーにオイルを注入すると、人の背丈ほどもある草地のほうへ向かった。えっ、あそこもやるの？

つまりこういうことだ。これまで刈ったのはたくさんある畦のほんの一部。しかも田んぼと斜めに接する「のり面」はまだ手つかずだった。さらに重要なのは水路周辺だ。ここもきれいに刈り取る必要がある。水路あたりの雑草の伸び具合は半端ではない。そこは田んぼに迫り来る雑草の森といった佇まいだった。

でも、あそこにどうやって切り込んでいけるのか、想像がつかない。

本日の作業で得た結論は次のとおり。平地の田んぼと違って山間地の棚田は、当然、山が迫ったところにつくられている。それだけ雑草、害虫の脅威は強い。そこで農薬を使わずに米をつくるということは、とてつもない労力がいるのだ。

午後五時、ぼくらは作業を早仕舞いすることにした。というより、もうこれ以上は体力的に無理。疲労はマックスでした。

田んぼからの帰り道、つらつらと考えた。田植えは楽しかったのに、なぜ、草刈りはこうも辛いのか？　作業時間は田植えより草刈りのほうがだいぶ短かったのに。

かつて日本の田植えでは、たいした労働力にならない小さな子どもたちも、みんな田んぼに呼び集められた。畦で遊んでいる子どもたちの声が田の中まで届いた。それがいいのだ。そんな大勢の人たちの一体感があふれるチームワークの田植えに比べて、草刈りはとっても孤独な仕事だ。ビーバーの轟音の中にいると、人の声も鳥の声もいっさい聞こえなくなる。これが悪い。今度、草刈りをする機会があればヘッドフォンで音楽でも聴きながらやろう。ヴィヴァルディの『四季』でも流して、華麗に、優雅に働こう。もしかすると、農家の人の中には、ヘッドフォンで音楽を聴きながら野良仕事をする人もいるんじゃないだろうか。

そんなことを考えていると、天使の声が耳元でささやいた。「温泉に浸かりましょうか」。草刈りで同じく疲労困憊してしまった江部さんだった。

11 ホタルはどこにいる？

草刈りを終えたぼくらは松之山の温泉に直行。そこには絶景を楽しめる展望風呂があった。

そして遠くに苗場山まで見渡せる大パノラマが広がっている。眼下には緑の山と田んぼ！　まさにこれが日本の美しい田舎の風景ですね。湯船に浸かると、野良仕事の疲れが、温泉の湯の中にじんわりと溶解していく。その心地よさに眠ってしまいそう……。

温泉で心身をリフレッシュさせると、あとのお楽しみは「夕食」と「眠り」。本日の宿は農家を改装した自炊式の民宿らしい。「農家」という言葉には心が惹かれるが、「自炊」という言葉が引っかかる。この疲れた体で、誰がつくるの？まあいいか、ケセラセラ、なるようになれだ。

ほどなく宿に到着。が、建物を目にした途端、拍子抜けした。普通の民家じゃないの、江部さん！　今にも倉庫からトラクターでも出てきそうな感じ。広い土間のある重厚な古民家を期待していたのに。

ブツブツ言いながら中へ足を踏み入れた。その瞬間、ぼくは内部の異様さに圧倒されて言葉を失い、茫然と立ちつくした。なんだこの奇っ怪な空間は！　柱も梁《はり》も壁も床板も、白い切れ込みがびっしりと入っている。百年の年月で黒く煤《すす》けてしまった木肌の表面に、彫刻刀で削られた無数の白いキズが浮き出ているのだ。天井板がない吹き抜けは、床から屋根まで一〇メートルはあるだろうか？　宙の暗がりをまたぐ大きな梁の表面は、キズ跡がうごめいて見えるぞ。

「脱皮する家」と名がついたこの一軒家は、日本大学芸術学部の学生を中心に、延べ三〇〇〇人が、三年がかりで改装したアート作品だという。たとえば一人が一日に三〇〇の切れ込みを入れたとして、合計で九〇万、ざっと一〇〇万だ。ここは一〇〇万もの切れ込みで木の表面がすべて彫刻された、脱皮した家なのだ。

室内をくまなく探索すると、空間の異様さにも慣れて、ようやく心が落ち着いてきた。ところで昔の農家の暮らしぶりって、どうだったのだろうか？　家の中心である一階の広い板張りの間には、かつては囲炉裏があり、いつも炎がチロチロと燃えていただろう。家族は肩を寄せ合い長い冬の一日を過ごしたはずだ。ここで明日の天気を心配しながら、膳を囲んだ夜もあっただろうな。

今はもう失われた静かな農家の夜に思いをはせていると、竹中さんと淺井さんがやって来た。なんと食事を手配してくれていたのだ。本日の夕食と明日の朝食も、すでに用意してあるという。食卓には温泉の帰りに江部さんが調達したビール、そして竹中さん差し入れの地元の日本酒「松乃井」が加わり、草刈りの慰労となった。

夕食は一見質素だが、実に手の込んだ料理だった。主食は具と酢飯を海苔で巻いていただく手巻き寿司。これに鶏もも肉の醤油麹グリルと、卵とわかめのスープが付いている。

寿司の具のきんぴらにされたぜんまいは、輸入物などではなくて「松代の山菜採り名人のハツエさん」が春に採ってきたものだという。山菜採りの名人か。雪国にはいろんな保存食の伝統があるんだろうなあ。

漬物もズッキーニのビール漬け、キャベツの塩麹漬けと凝っている。みーんな手づくりだ。旨そう。田んぼで汗をかいた日は、こんな気の利いた漬物がうれしい。

旨い料理とビールで昼間の疲れを癒していると、今回の米づくり企画で骨を折ってくれた越後妻有里山協働機構理事の玉木有紀子さんがやって来た。わざわざ新潟市から二時間かけて駆けつけてくれたのだ。

彼女の提案で「ホタルを見に行く」ことになった。宿のそばにホタルが舞う水場があるという。昨今は全国で人工飼育されたホタルの放流イベントが盛んに行なわれているが、こちらはなにしろ「天然」だ。しかも観客はわれわれだけの独占ステージ。なんという贅沢！　そもそもぼくは、天然のホタルなんて見たことがない。これは鑑賞しないわけにはいかない。

車で少し走った先にあるその水場は暗く沈んでいた。本当にこんなところにホタルがいるのだろうか？　と思いきや「いた、いた、ほら」と、暗がりの中から誰かの声。目をやると小さな、小さな青白い光が点滅しながら浮かんでいた。

「あれはヘイケボタルですね。ゲンジボタルはもっと大きい。ほら、こっちで光っているのがゲンジボタル」

天然のヘイケとゲンジの両方がいる場所は珍しいらしい。源平合戦の勝敗にちなんで勝者であるゲンジは大きく、敗者のヘイケは小さい、というわけだけど、どちらもどこかもの悲しく、不思議に懐かしい光だ。都会のホタル放流イベントでは、若い世代はさして感動しないという話を耳にしたことがある。LEDの華やかで大規模なイルミネーションの夜景に慣れてしまっていて、ホタルの光は「しょぼい」と感じるそうだ。自然界がつくり出す繊細な情緒がわからない。そんな現代的な感覚、なんだか寂しいです。

一つの光が、ぐんぐんと空に向かって昇っていく。目で追うと、そいつは雲の合間から顔をのぞかせたたくさんの星たちにまぎれて、スーッと消えたのだった。

翌朝、ウグイスの鳴き声で目が覚めた。ホーホケキョと実にうまく鳴く。耳を澄ますと、遠くにカッコウの声も。昨夜のホタル、そして今朝のウグイス。里山の透き通った朝日と静けさを記憶にしっかり刻みつけてから、ぼくは布団を出た。

朝食はにぎり飯だった。具は豚肉の山椒煮。初めて食べたが、これが香りがよくて実に旨い。それに夕顔の味噌汁。昨晩、朝食の品書きに「夕顔」の文字を見つけたとき、いったいどんな食べ物か不思議だった。きゅうりの仲間で冬瓜とか蕪のような食感らしいのだが、冬瓜に目がないぼくは、ものも言わず味噌汁をかき込んだ。夕顔は冬瓜より繊細な味わい。東京ではなかなか口にできない食材だね。コリンキーの漬物も初体験。コリンキーは黄色い瓜のようなものだが、こちらはかぼちゃの仲間だとか。こりこりした食感がいい。

玄関から声がかかった。浅井さんのお迎えだった。「日本一の棚田を見ませんか?」。ウグイスの声で始まったのんびりした朝が、途端に慌ただしくなった。ぼくらは朝食を平らげると、脱皮する家を出発した。

12 美しすぎる棚田

十日町にある「星峠の棚田」は、各地からひっきりなしに人々が訪れる観光スポット。あまりの見物人の多さに、農作業が滞ることもあるくらいで、車による人身事故も起こっているらしい。

ぼくらが星峠に到着したのは午前七時三〇分。こんなに朝早くから、棚田の景観を楽しむ若いカップルの姿があった。高台で肩を寄せ合いながら、なだらかに広がる棚田に見とれている。

なんと田んぼがデートスポットになっているのだ。驚きですね。どれどれ、何がそんなにいいの？　興味津々、ぼくも展望台から眼下に目を落とした。そして、しばし見とれました。絵はがきやポスターで見るのとは大違い。ひっそりと静まり返った中に、緑の匂いを運ぶそよ風、小鳥のさえずり。この静けさがたまりません。

ここの棚田の数は約二〇〇枚もあるとか。でも、たんなる雄大さとか、自然の美しさとかではない何かが、心の底に響いた。なんだろう、この感覚は？

そこでぼくは気づいたわけです。棚田の風景にはどこか人の気配が感じられるのです。たった一人でここに取り残されても、少しの不安も怯えもない感じ。田んぼをつくっている「人のぬくもり」が居残っているといってもいいかもしれない。ともかくホッとするんですね。

星峠の棚田を眺めていると、もう一つ気づくことが。それは「つながり」です。この眺望からは、どの田んぼも地面と水路でつながっているということが一目瞭然。ということは、一枚の田んぼが手入れをサボると、それが他の田んぼにも悪影響をおよぼすということ。害虫、雑草は平気で他の田んぼを荒らします。みんながきれいにイネを植え付けて、雑草を刈っているのは「大地のアート」にするためではない。そこには里山に暮らす人たちの暗黙の連帯責任があるんですね。これを大地への責任、といっても言いのかなあ。

こんなことをつらつら考えていると、「藤原さん、今日は草取りですよ。午前中に終わりませんよ」とぴしゃりと言われ、われに返った。

星峠をあとにして、松代のわが棚田に到着。水面が隠れるほど草ぼうぼうの田んぼを前に、早くも気持ちが萎えていく。素人の手で植えられた、しかも農薬なしの田んぼなのだから、仕方がないと自分を慰めていると、ちょっとうれしいアドバイスが。

「雑草取りの基本は根から取り払う。でも、それが難しいときは、水面から顔を出さないようにしっかり踏みつけても大丈夫だ」という。本来は、雑草が水面に顔を出し始める前に対策を講じるのがベスト。その際は、泥を踏む、あるいはもっと初期の段階ならば、水をかき混ぜておくだけでも除草効果になるらしい。

合鴨を田に放つ農法を耳にしたことがあるが、ぼくはてっきり鴨に害虫を食べてもらうのが目的だと思っていた。ほんとはそれよりも、水かきのついた足で水中の泥をかき混ぜ水を濁らせて、太陽の光をさえぎって光合成の邪魔をすることで、雑草が繁殖しにくくするのが目的だとか。なるほど、よく考えたものですねえ。

さて、いよいよ草取りの本番。入田！

水量も泥土の深さも田植えのときとほぼ変わらない。当然、長靴が泥にはまって歩きにくい。裸足になればよかったと後悔した。しかし一度入ってしまえば、そう簡単に陸には戻れないのだ。

覚悟を決めて、軍手をした手で、イネのまわりの雑草を取っていく。しかし雑草がイネに絡まりついて、なかなからまくいかない。雑草を一気に引き抜くと、イネも一緒に引き抜いてしまいそうで怖い。

草取りを始めてたったの五分で、草取りも草刈り同様に、かなりきつい仕事だとわかった。

「ヒエも取ってください」とは、竹中さんからのアドバイス。

ヒエは見た目にはイネとそっくり。昆虫や爬《は》虫類の中には、草木の柄そっくりに体の模様を変えて姿をくらます「擬態」の能力をもったものがいる。このヒエも、まるでイネに擬態しているみたいだ。イネに姿を似せて、イネのために撒いた肥料の養分をこっそり奪い取って、ちゃっかり成長しようとしているみたいで、実に憎らしい。

根元が白っぽいのがヒエ、茎の途中に白く細い模様が一本、輪っかになってついているのがイネだという。うーん、しかしその見分けが微妙で難しい。おまけにだんだん腰がこわばってきて、雑草とイネを見分ける集中力がなくなってきた。いったん休憩しようかと思ったところで、後ろに人の気配を感じて振り返った。いつの間にか、見知らぬ人が田に入って草取りをしている。髭面のスリムな中年男性だ。驚いたのは、その手際のよさだ。イネのまわりの水をかき回すようにして、雑草をどんどん取り除いていく。そのスピードは、まるで人間草取りマシーン。おまけに素手なのだ。凄い、凄いぞ！　彼の姿に励まされて、ぼくは軍手を畦に放り投げると、負けじと素手で草取りを再開した。

それにしても、いったい何者なのだ？

13 米は工業製品じゃないんだ

　もう限界！というセリフが口から出かかったとき、突然、現れた謎の人物。田んぼの中の雑草を、まるで人間草取りマシーンのようにきれいに取っては、畦にバンバン放り投げる。

　ぼくはその鮮やかな手さばきに見とれた。イネの束を中心に、両手をなめらかに回転させながら、雑草を根こそぎ取り去っていく。ぼくと比べると、三倍以上のスピードでズンズンと前に進む。しかもその後には雑草が一本も残っていないのだ。

　と、彼が手を止めてぽつりといった。

「これは立ち腐れしているな」

「えっ、腐ってるんですか？」

「ほら、簡単に抜けるだろう」

彼は泥から引き抜いたイネを掲げてみせた。葉の一部が黄色く変色しているのがその証拠だという。

イネを元の場所に埋め戻すと、「育つのは育つ、たいして実らないけどね」と言う。

聞くと、ぼくたちの田植えに問題があったようだ。植え付ける「深さ」がよくなかったらしい。だいたい三センチくらいに、浅くさすのが正しいという。「植える」というより、泥にソフトに「置く」という感覚だ。そうか、それでいいのか。いや、そうでなければならなかったのか。今ごろわかってショックだ……。

思い起こせば、水底の泥は表面がフワフワした感じで頼りなく、田植えでは苗をぐっと深くさしてしまうことが多かった。きっと取り返しがつかない失敗がところどころにあるぞ。ぼくが青くなっていると、「ほかはだいたいうまく根づいているからいいんじゃないか」と、慰められた。

その人の名は小林昇二さん。ここ松代で、米づくりに長年携わった達人だ。実は米づくりのベテランである米農家の人にぜひ話を聞きたい、と竹中さんに希望を出していたのだ。それを知って、小林さんはこの日わざわざ駆けつけてくれたというわけ。

話をするだけのつもりだったが、いざ来てみると、ぼくらの草取りの、あまりの稚拙さに、見るに見かねて田んぼに入ったのだという。ほんとに、すみません。

しかし、せっかくの機会を逃すわけにはいかない。ぼくらは草取りを早々に引き揚げて、米づくりの秘訣を聞くことにした（決して疲れたからではない。そう言いたいところだけれど、多分にその要素もありました）。

「おいしい米ができる条件は？」

小林さんの答えは、実にシンプルなものだった。

「豊富な水と日照と良質の土」

魚沼の土は粘土質で最良。これが美味しい米をつくる。でも味とともに豊作か不作かを決定するのは、やっぱり天候だ。二〇一八年は雨が降らず水不足で、育ちが悪く苦労したという。

「米づくりでいちばんいい天気というのは何だと思う？」と、逆に質問される。

うーん、なんだろう。こちらの勉強不足を見透かされたか。

「かんかん照りが続いて、夕立があること」だそうだ。

太陽の光がいっぱい降り注ぎ、水がたっぷりある田んぼでこそ、イネはのびのびと育ち、立派な穂をつける、ということ。しかし刈り取りのときに、雨が続いて田んぼから水が抜けないと、刈り取り機が泥に埋まって動けなくなる。ただ水が豊富というだけでも駄目。お日様と雨とのバランスが大切なのだ。

小林さんは棚田を一六〇枚も持っているという。平地の田んぼと違って、棚田は耕作に手間がかかるので、米づくりにかける労力は並大抵のものではない。

最近の稲作は平地の大規模農家を中心に機械化が進んでいる。ぼくらが苦労した畦の草刈りでは、すでにラジコンの草刈りロボットが活躍する田んぼもあるとか。自動車メーカーが中心となって、合鴨農法にヒントを得た田んぼの雑草対策ロボットも研究開発されている。

稲作も、田植えから草刈り、草取り、収穫まですべてロボットに頼る時代が、すぐにもやってくるかもしれない、小林さんの話を聞いていると、そんな気がしてくる。

どうやらそれはさほど遠い将来のことではないらしい。現実にロボットがいないと、日本では米ができない、そういう時代になりつつあると、小林さんは言う。この日本を代表する米処の魚沼でも、稲作に携わるのは、七〇代、八〇代が中心で、九〇歳を超える大ベテランも珍しくない。いま六三歳の小林さんはまだ「若手」といってもいいくらいだ。

しかもほとんどの農家には跡を継ぐ人がいないらしい。つまり近い将来、ロボット稲作は避けられないし、それが実現できないと、田んぼが日本から消えてしまうことにもなりかねない。なんとも厳しい話だなあ。

でも、小林さんにとって当面の悩みは、もっと別のところにある。

「陽が射す日が少なすぎる」と、長梅雨を心配している。

その言葉を聞いて、ぼくも急に不安になった。東京に戻っても、明日からは毎日、魚沼の天気をチェックしよう。そして、また一カ月後に草刈りをしに、この田んぼに帰ってこよう。

ここで魚沼産コシヒカリのいちばんすぐれたところについて、ひと言つけ加えます。小林さんによると、それは冷えてもなお旨い！というところだとか。そういえば朝食のにぎり飯のなんと美味しかったことか。

二度目の草刈り

ずっと中腰なのが辛い。ともかく田んぼの仕事は腰にくる。

14

わが田んぼは雑草に占拠されていた

東京発の新幹線に乗り、夕方前に越後湯沢駅に着いた。そこで車を借りて、まっすぐに棚田へ向かった。まつだい駅が見えてくると、なぜか故郷へ帰ってきた気分。窓を開けて、懐かしい風の匂いをかいだ。

今回も江部さん、阪本さんと一緒だ。

二〇一九年八月二九日、一回目の草刈りから約一ヵ月半ほどが過ぎた。はたしてわれらのイネは、どれくらい成長しただろうか。明日の草刈りの前に、まずはわが田んぼを検分しよう。

舗装道路から棚田に入る小道はたしかこの辺だが……。あれれ、ない！　えっ、通りすぎたか。もう一度引き返して、わが棚田のランドマークである巨大トンボの芸術作品を基点に、小道の場所を憶測すると、人一人が通れるほどの獣道が目に留まった。まさか、こんな小さな道だったか？　通せんぼするように両側から張り出した雑草をなぎ倒しながら、車ごと分け入った。車内に障害物を知らせるアラームが鳴り続ける。わずか六週間ほどで風景が一変している。ここはまるで雑草の王国だ。悪い予感がする！

車を降りて、田んぼに目をやると、あたり一面びっしりと緑に包まれていた。よく見ると、その半分はイネと同じほど背丈が伸びた雑草だ。おまけに田んぼの真ん中あたりには、たくましく育った雑草が一本、まわりのイネたちを見下ろすようにグイッと高く伸びている。草というより、すでにあれは木じゃないか。前回あんなに一生懸命汗を流し、草刈りも草取りもしたはずなのに、自然の力は無慈悲このうえない。

茫然と畦に佇むこと三分。突然「こっちは大丈夫ですよ」と声がした。江部さんが手招きしている。

そこはマルチシートの上に田植えをした田んぼだった。行ってみると、ほとんど雑草がない、実にきれい。そればかりか、同じ日に植えたのに、雑草だらけの田んぼよりも、イネの丈が二〇センチから三〇センチほど高く伸びている。こっちは期待通り、順調に育っているじゃないか。

田んぼの水が引いて、地面がむき出しになっているのは「中干し」のために「落水」させたからだ。五週間ほど前に、土を固めてしっかりイネが根づくように水を抜いたことを、事前に竹中さんから知らされていた。よく見ると、マルチシートは溶けてすっかりなくなっている。田んぼを雑草から守り、役目を終えて土に帰ったというわけだ。

イネの合間からイナゴやバッタが飛び出した。小さなカエルもいる。この自然の摂理こそ無農薬のおかげ。そう思うと、落ち込んだ気分もいくぶん回復した。明日、がんばりましょう。

さて、本日の宿は三省《さんしょう》小学校の元校舎だ。廃校となった築六〇年の木造校舎を改築して、宿泊施設につくり替えたもの。その名も「三省ハウス」という。

玄関を入ると、板張りの廊下が「教室」の脇を通り奥の厨房まで、まっすぐに伸びていた。昭和三〇年代、ぼくが通った小学校もこんな廊下がある木造校舎だった。旧教室に設えられたベッドは、がっしりした二段ベッド。山小屋に泊まる気分だ。

食事は越後松之山の家庭料理だという。夕食時間を待ちきれずにさっそく食堂へ。教室の壁を取り払った広いスペースに、長いテーブルとパイプ椅子が並んでいた。厨房は音楽室だったという。その奥からかすかに人の話し声がもれてくる。泊まり客のためにキッチンで腕を振るっている女性は、この小学校の卒業生だった。半世紀が経って、かつて学んだ音楽室で、泊まり客のために料理をつくることになるとは、思ってもみなかったという。

料理は地元の食材をふんだんに使ったもの。棚田で働く家族のために、毎日、つくってきたメニューをそのまま仕出す。まさに農家のお母さんの家庭料理だ。厨房の脇にある段ボールの中に、見慣れない大きな瓜のようなものが入っていた。持ち上げるとずっしりと重い。聞くと「夕顔」だという。夕顔という可憐な名に釣り合わないでかい野菜だった。

「あっ、あの冬瓜に似たやつだ」

一カ月半前に泊まった「脱皮する家」でいただいた味噌汁の具が夕顔だった。その隣にあるのは糸瓜。こちらも新潟特産の夏野菜。いったいどんな料理になって出てくるのだろうか。ご飯はもちろん棚田でとれたコシヒカリだ。

ぼくらは夕食を待ちこがれながら、まずはビールで喉を潤した。そこへ料理がトレーにのって運ばれてきた。

夕顔はそぼろ煮になっていた。見た目は大好物の冬瓜そっくりの半透明で、食感もよく似ている。糸瓜は?と探すと、なんと酢の物になっていた。てっきり春雨か何かだと思っていたが、糸瓜はゆでてほぐすと文字通り糸状になるのだという。別名が「そうめんかぼちゃ」だと知って納得。しゃきしゃきして、野菜だとは思えない食感だ。この土地ならではのこうした素朴な家庭料理は、この先二度と味わえないかもしれない、と心していただいた。

料理を味わいつつ、地酒の杯も進んだ頃、「雨が強くなってきましたね」と江部さん。耳を澄ますと、ザーッという雨音が聞こえてきた。広い食堂には泊まり客の静かな話し声と、厨房からときおり皿の重なるカチャカチャという音が耳に届くだけ。テレビの音声や車の音がしないこのゆったりした静けさに、かつての農家の夜を想う。なんというのんびりとした豊かなひとときだろう。私たちはただただ愚鈍に、その夜を古い木造校舎で過ごした。

そしてすべてが寝静まった真夜中、私は異変に気づき跳ね起きた。ジェットエンジンを噴かしたような轟音が窓ガラスを揺らす。雨だ、とてつもない大雨！プールのように水に浸かった田んぼが目に浮かんだ。イネは無事だろうか？

15 あゝ松代は今日が雨だった

三省ハウスに朝がやって来た。夜中の豪雨がまるで夢だったような静かな朝だ。窓の外に目をやると、山あいに白い煙のような朝霧がいくつも立ちのぼっていた。昨夜の大雨を耐えしのいだ緑が、ホッと息を吐き出しているかのよう。

やっぱり田舎はいいなあ、と深呼吸すると、途端にグーッと腹が鳴った。最近はこんなことないのに、やっぱり美味しい空気を吸って体を動かすと、自然と食欲が増すのか。それとも林間学校の気分？　そういえば小学校の給食時間前は、いつも腹が減っていたなあ。この食欲はきっと「学校」に泊まったおかげだ。

朝食はすでにテーブルにセットされていた。厨房の奥では、白い割烹着のおじさんが忙しく動き回っている。なんだか本格的。聞くと、正真正銘プロの料理人だった。大工場の社員食堂や旅館の板前として長年腕をならし、引退を機に、故郷の魚沼で暮らすことにしたという。現役時代は、社食で一〇〇〇人の社員に食事をつくっていたというから、三省ハウスで調理する少人数の朝食は、まさに朝飯前だろう。しかしその分、里山ならではの味を出すように気を配っている。味噌は手づくりで、冬の寒いうちに仕込んだもの。ほかにも「しょうゆの実」(大豆などをもろみの状態で発酵熟成させたもの)という保存調味料もつくっている。もちろん漬物も自家製だ。

かつての農家の朝ご飯でもあり、田舎のおばあちゃんの食卓でもあるような、この美味しくて貴重な料理を平らげようかというときに、「今のうちに田んぼに向かいましょう。昼前には大雨になるらしいです」と、迎えに来てくれた竹中さんから声がかかった。今は小雨がパラついているくらいだ。本降りになる前に仕事を終えたい、という。たしかに、ごもっとも。お茶を飲む間もなく、そのまま小走りに車へ向かった。

田んぼの農作業というのは、雨天決行が常識。たとえ大雨でも、晴れの日と同じように仕事をこなすのが当たり前だという。しかしぼくらは土素人。大雨の中で田んぼに入る自信は、まったくない。

そういえば古い写真か映画で、目も開けられないような土砂降り雨の中を田んぼで黙々と働く農民の姿を目にした記憶がある。菅笠に、ガンダムのモビルスーツのような肩の張った大きな簑をまとっていた。そういえばぼくは、雨合羽すら持参していない。これで、大丈夫なのか？　まったくもって愚かだ。

棚田へ行く途中で、増水した川に遭遇した。チョコレート色をした濁流が、ごうごうと音を鳴らしながら流れていく。棚田が心配だ。ちゃんとイネは立っているだろうか。竹中さんの顔も、これまでとは違って緊張気味に見える。

ともかく棚田へ、とはやる気持を一喝するように「まず着るものを整えましょう！」と、竹中さんから声が飛んだ。「雨具を用意していない」とは言えず困っていると天の声が。「倉庫に古いのがあります」。ぼろぼろの雨合羽でも我慢しようと覚悟を決めていると、なんと渡されたのは編み笠とゴザだった。

「編み笠がいちばんなんですよ」と後ろから声がかかった。振り返ると玉木さんがいた。一回目の草刈りの夜、ホタルの乱舞を見せてくれたあの人だ。今回、二回目の草刈りに参加してくれるという。

「雨粒も防げるし、日射しもさえぎり、しかも涼しい。今でもこれをかぶって農作業をやっている人は多いですよ」

なるほど。で、このゴザは？　広げてみると、肩からかけられるようにヒモがついていた。これを「着ゴザ」というらしい。まるでゴザを背負ったサンドイッチマンだが、たいていの雨ならこれで十分だとか。さっそく身につけてみた。案外軽くて動きやすそうだ。

いよいよ棚田に到着。すでにまつだい棚田バンクスタッフの若手、松山雄大さんが待っていた。のちほど棚田名人の小林さんも合流してくれるという。今回は合計七人だ。玉木さんはボランティアで野良仕事は慣れたもの。つまり、ぼくらは素人だが、あとの四人はプロなのだ。これは今回の米づくり史上最強の精鋭チームではないか！と、気合いを入れていると、その意気込みをくじくような話が耳に入ってきた。

えっ、なんだって？　発言の主は松山さん。その内容はこうだ。

ついこの間の夕暮れ、近くの山道を軽トラで走っていたとき、カーブを曲がったところで、ふいに道路の真ん中におじいさんがへたり込んでいた。こんなところでヘンだなあ、助けようと、車を近づけて窓を開けると、それはおじいさんではなく、一頭のツキノワグマだった。慌ててアクセルを踏んで逃げたという。クマをおじいさんと間違えるというくだりが、なんともリアルで怖い。道の真ん中で動かないというのは、病気で弱っていたのだろうか。

「まあ、おしゃべりはこれくらいで、そろそろ田んぼに入りましょうか」と、江部さん。

「クマは出ませんよね」と念のために聞いてみると、これだけたくさん人がいて、出てくるわけはないとみんなの意見が一致した。

「クマは出ないがマムシはいるかも。今年は異常に多いんです。石があるからと、不用意にどかしたりしないように」と、竹中さんが真顔で言った。

その話、聞いてません！　昆虫もカエルも平気だが、毒ヘビだけはかんべんしてもらいたい。入田を前に、ぼくの足は動かなくなった。さてどうしよう？

16 雨々やめやめ、早くやめ

マムシが出る！という。おまけにポツリ、ポツリと雨も降り始めた。大雨の前兆？　これは引き返すしかないか、と思案していたら、ほかのメンバーは鎌を選んだり、軍手を用意したり、ミネラルウォーターのボトルを並べたり、黙々と、かつ着々と準備を始めている。

雨天決行である。田んぼの野良仕事にはやっぱり「晴耕雨読」の文字はないらしい。でもマムシは？　本当にいるの？

「倒伏《とうふく》はないから、草取りは難しくないですよ」と、竹中さんは人の気も知らずに、ニッと笑顔をみせた。

倒伏というのは文字どおりイネが倒れること。そういえば道すがら目にした田んぼの中には、黄色く色づいてきたイネが、渦を描くように倒れているところがあった。

かつて話題になったミステリーサークルを思わせる、見ようによっては美しくもある形状だが、かといってそのまま放っておくと、籾《もみ》が収穫できなくなってしまうという。

倒伏はその倒れ方が風をイメージさせるので、原因はてっきり強風かと思いきや、なんと「イネが倒れた今年いちばんの原因は、肥料のやりすぎだ」という。チッソ肥料を与えすぎると、成長が早く丈がヒョロヒョロと伸びすぎて茎が弱くなったり、葉が茂りすぎて根元あたりが日照不足になるから倒れてしまう。しかしわれらの棚田は、肥料を抑え気味にしているから「安心」なのだ。

もう一つ、土が弱い（ゆるんでいる）と、根元から流れるように倒れてしまうこともある。それでこの棚田も、いったん水を抜いて干し上げ土を硬くする「中干し」をほどこした。前日に田んぼを見たとき、水がなくなっていたのはそのせいだった。

田んぼに目をやると、昨日の豪雨で一回目の草取りと同じくらいに水位は回復していた。こうしてあらためて田んぼを眺めると「早くこの邪魔くさい草を抜いてくれ」とイネたちが無言で訴えている気がするから不思議だ。いつの間にか芽生えた「棚田愛」がそう思わせるのか。

マムシもなんのその、今日は命がけでやるしかない、と自らを叱咤激励《しったげきれい》する。

本日の作業テーマは内畦《うちあぜ》の草刈りと田んぼの草取り。内畦とは畦の田んぼ側に傾斜したのり面だ。みんなにならってぼくも鎌を選ぶ。錆のない真新しいのを一挺手にした。マムシもこれで退治だ、ヤマタノオロチに立ち向かうスサノオノミコトだ！と、神話のヒーロー・イメージを脳内で総動員して、すぐ横の田んぼに足を踏み入れた。

いざ、入田！　あれ？　これはどうしたことか。水底がずいぶん硬いじゃないか。五月の田植えのときは長靴の膝下くらいまで、ずぶずぶと泥に埋まった。七月八日、九日の草取りでは、深いところだと長靴の真ん中くらいまで泥に沈んだ。けれど今回はくるぶしくらいまで。おお、田んぼは生きている！　イネが成長するだけではない。田んぼの土も生きて変化しているんだ、と感心した。

もっともこれは、竹中さんたちがきちんと排水管理をやってくれたおかげなのだが。田んぼはやっぱり人の手で「つくられていく」んだね。

ぼくは両足を踏んばり、内畦の草をバサバサと刈っていく。鎌が新しいせいか、この間の草刈りよりも進行が早い、こいつは調子がいいぞ。「ついに鎌さばきのコツをつかんだ」と、一人悦に入る。

バサバサと内畦の草を刈っていくと、真ん中あたりで手が止まった。こんもり茂った草の隙間に小さな空洞がある。こういうところにオロチは、いや違ったマムシは潜んでいるに違いない。ここは肝をすえて、エイ、ヤー、と鎌を振るった。

草を取り払うとそこから姿を現したのは、オロチならぬ、塩化ビニール製のパイプだ。その口から勢いよく水が噴き出していた。なるほど、こうやって注水、排水を繰り返しながら田んぼの水位を一定量に保っているのだろう。

気合いを入れ直して草刈り続行。しかし暑い。もうそろそろ九月だというのに、この蒸し暑さはなんだ。原因は雨と、何より耐えがたい湿気に違いない。シャツの裏側では大粒の汗が、肌をつたってズボンまで流れ落ちているのがわかる、触らずとも感じる汗の感覚。その量は半端ではないはず。熱中症に注意と事前のブリーフィングであったな。水、水！　ペットボトルは畦の向こう。と、振り返ると、見知らぬ人の姿が。

誰？　まさか？　あの仙人ふうの髭がきれいに整えられている。キャップからのぞく髪も切り揃えられて、おしゃれなTシャツ姿。前とはまったくの別人だ。しかしこの人はまぎれもなく小林昇二さんだった。前回同様、棚田名人は忽然と姿を現した。

「髪、髭がすっきりしているのはいちばん忙しい時期を過ぎたから。昇二さんは髭の具合で、忙しいかどうかわかる」とは竹中さんの言葉。

名人は長い柄の鎌を手に取ると、ズカズカと田んぼに入ってきた。そしてものの見事な鎌さばきで、草を刈り始めた。なんてことだ！　どうやったらあんなふうにイネを傷つけずに、雑草だけをうまく刈り取れるのか？　ぼくはしばしその腕前に見とれた。しかし見とれるだけでは駄目だったのだ。その後、ぼくはとんでもない失敗をやらかすことになる。

17 僕は思考停止の人間草刈り機

棚田の救世主、小林名人の力を得て、雑草の掃討戦はエンジンがかかり、草刈りはグングンと進み始めた。

しかしこちらは、早くも息切れ状態に。たまらずに田んぼから上がり、ひと休みすることにした。高温多湿の中での作業は想像以上にこたえる。スタッフが用意してくれたペットボトルの水がなんと旨いこと。ただの水がこれだけおいしく感じるのも、田んぼで汗を流したおかげだな。

ほっとひと息ついて、この疲労の元凶である雑草にあらためて目をやった。繁茂する草の中心はヒエだという。『日本書紀』にある「五穀」に含まれる植物だ。田んぼの中には、小さな穂をつけるまで成長したものもある。

しかし、あまり旨そうではない。それもそのはずで、この田んぼに生えるヒエは、呼び名は五穀のヒエと一緒でも、食用にならない別種だという。ならばただちに成敗するしかないのだが、あまりの数に見るだけでげんなり。

田んぼの真ん中には、イネよりグーンと高く伸びた一本の草、いや、木がある。この棚田で最強最悪の雑草だ。昨日、勝ち誇ったようにイネを見下ろしていたあいつ！　そのたくましい姿をあらためて目にすると、また、むらむらと怒りが増してきた。ぼくは再び田んぼへ入った。

イネから一段と高く顔を出したそいつは、見ようによっては、エスニックな美しさがある。夏にはかわいい花を咲かせるのかもと思わせる。しかし、純真無垢を装う艶やかな姿に惑わされてはいけない。

正体を暴いてやろうと、ぼくはまわりのヒエやイネをかき分けた。すぐにヘビのアオダイショウのような気味の悪い茎の模様があらわになった。鎌で刈っても、トカゲのしっぽのようにまた生えてきそう。ぼくは根元を握ると、力を込めて引き抜こうとした。しかし、すごい抵抗力。土中に隠れた得体の知れない化け物と綱引きをやっているみたいだ。両手で茎を握り直すと無我夢中で力を込めて引いた。

ズボッという音ともに、ついに抜けた！　ぼくはみんなに見せようと、雄叫びをあげてそいつを空に向かって掲げた。しかし拍手喝采とはならなかった。みんな自分のことで手いっぱいで、こちらの様子には気づきもしない。

チームの七人は、みんなそれぞれ離れたところで作業中。やはり草取りは孤独な仕事なんですね。ぼくはその獲物を畦に放り投げると、一人ほくそ笑み、いそいそと草取りを再開した。

雨はやみそうにない。しかし手を止めるわけにはいかない。昼までには草取りをやり終えなければならないのだから。ヒエや雑草は根元から案外簡単に引き抜ける。ただしイネと雑草をより分ける作業がひどく面倒で、その間ずっと中腰なのが辛い。ともかく田んぼの仕事は腰にくる。

そのうちに手で雑草を引き抜く力も出なくなった。ここは気分を変えて、鎌を使おう。名人もあの長柄の鎌で、田んぼの中の雑草を見事に刈っていたじゃないか。この短い柄の鎌なら、ぼくにだって田んぼの中で扱えるだろう。

バサッ、バサッ、バサッ。いいじゃないか。やっぱり人間は道具を使う動物なのだ、そう納得して刈っていくものの、そのうちにむしろ自分が草刈り機という道具になったような気分に陥る。肉体の疲労が頭まで達して、思考停止になってしまったのだろう。

そして事件は起こった。いや自業自得の事故だ。雑草の茎を束ねて鎌で一気にバサッと刈る。この動作をまさに機械的に繰り返していたのだが、刈り取った雑草を畦に放り投げようとした瞬間、手元を見てハッとわれに返った。なんとそれはイネだったのだ。

やっちまった！　しかし声が出なかった。あたりを見回してみたが、この愚かな行為に誰も気づいていない。いったいこのイネはどうすればいいのだろうか？田んぼに戻し土に挿し木しても再生するはずはない。むしろ倒れた稲穂が芽吹いて雑草化するかもしれないじゃないか。どうしていいかわからないまま、ぼくはせっかくここまで育てたイネを一株、畦に放り投げた。ごめんなさい！

あまりの疲れに集中力を欠いていたのだ。鎌で手を傷つけなくてよかったと思う。稲刈りのときは気をつけよう、などと、反省していたのはわずか一、二分のこと。またあの思考停止の人間草取り機に戻ってしまった。

ようやく作業予定の二時間が過ぎた。ぼくらは田んぼから畦に上がった。しかし、名人と玉木さんの手がなかなか止まらない。玉木さんは普段の仕事のかたわら、魚沼の田んぼに入って農作業を手伝うこともあるという人。やっぱり田んぼの仕事に慣れた人は、これしきの時間ではまったくへこたれないようだ。今度、名人に疲れないコツを聞いてみよう。

やがて二度目の草刈りが無事終了した。あれほど荒れていた田んぼが、見違えるほどきれいになった。それを目にしていると、まるで散髪したての髪で床屋を出たときのように、気持ちがよくなった。心地よい疲労感にしばし浸る。作業の途中ではあまりのきつさに、草刈りに参加したことを後悔したが、終わってみればやっぱり来てよかったと思う。

結局、マムシも出なかった。稲刈りまでにスタッフの人が見回って、もし万が一見つかったらしっかり退治してくれるはずだ。田んぼの雑草はなんとか八割ほど取り去った感じ。残りはスタッフのみなさんにおまかせしよう。きっと豊かな

（ちょっと心配だけど）実りが期待できるはず。稲刈り当日の晴天を祈るばかりだ。

それまでしばしのお別れ、棚田よ、元気でね。

稲刈り

僕らはひたすら刈って、束ねて、稲架にかける作業を繰り返した。

18

稲刈りを前に何をする？

ぼくはウキウキとお祭り気分で、一人まつだい駅に降り立った。二〇一九年一〇月五日、ついに稲刈りの日がやって来たのだ。今日は草刈りのような孤独な作業ではない。田植えと同じように大勢の仲間と一緒に汗を流す。

イネは雑草に負けずしっかり育っただろうか、魚沼の名に恥じない、美味しいコシヒカリになっているだろうか？　一刻も早く田んぼに行ってみたい。しかし高ぶる気持ちを抑えて、ここはひとまず集合場所の「越後まつだい里山食堂」へ向かう。稲刈りチームの到着まではもう少し時間がある。先陣を切って彼らを待つことにしよう。

店内に入ると、前面が総ガラス張りで、里山の景色がすぐそこに。まるで緑の中に自分もいるようだ。棚田のところどころに置かれた人形《ひとかた》のモダンアートが目を引く。

棚田の風景に圧倒されていると、旨そうな料理の匂いに気づいた。振り返ると、オープンキッチン前のカウンターにずらりと並んだ大皿が、ぼくを手招きしていた。いったい、これは！　二〇皿以上あるではないか。「ここで昼食」とだけ聞いていたが、それがこんなに豪華なビュッフェだとは思わなかった。

イネを刈り取る前に、早くも収穫祭か！　でもこの豪華ランチ、予定の一時間ですべて堪能できる？

キッチンでかいがいしく動き回っている地元のお母さんらしい店員さんをつか

まえて、ちょっと聞いてみた。「料理は有名なシェフが監修したもので、その一番弟子が今日も厨房に入って腕を振るってるんですよ。ほらあの人！」と、教えてくれたが、なんだか忙しそうで、声をかけそびれた。

有名シェフというからにはフレンチかイタリアンか、と思いきや、ずらりと並んだ大皿をつぶさにのぞいていくと、いやいや、地元の野菜や食材が満載だった。

みんなが来るまで、眺めるだけのつもりが、どうにも我慢ができない。掟《おきて》破りを承知で、こっそり味見を始める。まず目に留まったのは棒鱈《ぼうだら》というプレートの文字。棒鱈は新潟の伝統食材ではないか。しかしこれは「棒鱈のブランダード」と銘打っている。南フランスの地方料理を地元新潟の食材でアレンジしたものらしい。じゃがいもとミルクを混ぜ合わせ、ペーストに仕立ててある。うーん、おしゃれだ。

隣には「ひよこ豆のフムス」。こちらはたしかアラブあたりの料理だっけ？この二つをディップにして自家製フォカッチャをいただく。フォカッチャはイタリアだから、新潟食材による万国オリジナル料理といった案配だ。そして「糸瓜の炒めなます」。糸瓜とはそうめんかぼちゃのことで、言うまでもなくこちらも地元食材だ。前にもいただいた。そしてお次は、もうおなじみになった夕顔。煮付けてある。かすかな弾力があり、口当たりが抜群だ。「クルミのキャラメルゼリーとカボチャ煮」「しゃぶしゃぶ仕立ての妻有ポーク」と、次々に皿に盛っていく。おお、みんな旨い！

チームが到着する前に、と皿の残りを慌ててかき込む。まるで泥棒猫の気分。しかしわが皿がきれいになっても、いったん火がついた食欲は止まらない、やめられない。

まだまだ魅力的な料理がたくさんあるが、やはりここはご飯。稲刈り前なのだから、何をおいても米で力をつけておこう。すぐにご飯類のコーナーへ。「トマトカレー」からはスパイシーなインドの香りが。しかし米の旨さだけを純粋に味わうため、こちらはぐっと我慢して、魚沼産コシヒカリの白米と玄米を器に盛る。

ちなみに有名ブランドとして名高い魚沼産を名乗れる米は、魚沼市のほかに南魚沼市、小千谷市、ぼくらの棚田がある十日町市などでつくったものだ。実は都内のスーパーで魚沼産一〇〇パーセントのコシヒカリを手に入れるのは、意外と難しい。袋の表示を見て「単一原料米」と書かれていれば一〇〇パーセント。もちろん里山食堂の米はすべて魚沼産である。

その魚沼産白米、玄米に加えて、漬物のコーナーから蕪《かぶ》の酢漬けと、それからついでに根菜ピクルスも皿に盛った。さらに味噌汁代わりに玄米スープも。白米の旨さはあえて言うまでもないが、噛みしめると甘味をたっぷり感じる。さらに、ぼくにとっては初物である黄金色の玄米スープというのがまことに美味である。玄米の香ばしさがたまりません。

よし、もう一度、と皿を持ってビュッフェコーナーに向かったが、突然、満腹感に襲われた。まだ食べたい料理がたくさん残っているのに！　胃袋がもう一つほしい。

とそこへ、どやどやと稲刈り隊が入ってきた。いかん！　慌てて目の前の皿を手で覆ったが、しっかり見られてしまった。「あっ！　藤原さん、もう食べてるんですか」。江部さんに呆れ顔で言われて、ようやくわれに返った。いっときシュンとしてテーブルに着いていたが、やっぱり駄目。頃合いを見計らって、デザートのココナッツミルクのゼリーだけ、こっそり手にした。

稲刈りに集まったみんなも、予想外のご馳走に嬉々としてカウンターの列に並んでいる。食べたい物がいっぱいで時間が足りない！と泣きそうな顔の女性も。江部さんなどは二度、三度とお代わりしている。そうでしょう？　これは簡単にすませられるランチではないんですよ。

ようやくみんな腹ごしらえをすませた。ぼくははっきり申し上げて食べすぎ。かがんで力仕事をする稲刈り前だから、満腹だけは避けたかったのに、しょっぱなから大失敗である。

昨晩の棚田は大雨だったらしい。本日は曇り空で、暑くもなく寒くもない稲刈りには絶好な日和。総勢二〇人ばかりの稲刈り隊は、棚田へ向かって出発となった。

ところが、ぼくらを棚田で待ち受けていたのは、実にショッキングな光景だったのである！

19 恐れていたことが起こった

わが棚田へ向かう道すがら、ほかの田んぼがいやでも目に入ってくる。ほとんどは刈り取りが終わり、きれいにさっぱりして冬を待っている。中には新緑の細い葉がたくさん顔を出しているところも。いったいなんだろう? 近寄ってみると、イネを刈り取ったあとの切り株から新しい葉がたくさん出ていた。

竹中さんが「蘖《ひこばえ》」だ、と教えてくれた。稲刈りをしても、放っておくと勝手に出てくるという。なんとすごいイネの生命力。結局、冬を待たずに枯れてしまうのに、それでもなお、けなげに天に向かって伸びようとしているのだ。

いよいよぼくらの棚田が目前に迫ってきた。いつものことだけど、田んぼを見る前にちょっと緊張する。おまけに今日は収穫日。これまでの苦労の結果が、すべて明らかになるのだ。

で、イネはどうか? あれ、思ったほど伸びていない。うーん、こんなものかなあ。がっかり。が、よく見ると籾は黄金色に色づいて、しっかり実っているじゃないか。肝心なのは米粒だ。

本日もぼくらを先導してくれる小林名人は「この棚田のイネの丈は、俺がつくったやつの半分くらい。だけど心配はいらないよ、籾は育っているから」とぼくらをなんとなく慰めた。一時は雑草に埋もれたりした。けれどそんな困難を乗り越え、しっかり実ったコシヒカリの原種なのだ。収穫量はやや少ないかもしれないが、きっと味は旨いはず、そうだよね、と稲刈りチーム全員で励まし合う。

その勢いでさっそくみんな、鎌を手に取った。わが棚田の稲刈りはすべて手作業だ。昨今の稲刈りのほとんどは機械を使う。中には刈り取って脱穀まで一気にやってしまう超大型のコンバインもあるそうだ。しかしここは小さい棚田。われらはあくまで鎌で刈る。

ぼくは夏に、ヒエ(食べられない種類のもの)やコナギという水田雑草(というらしい)をさんざん刈ってきたから、もう鎌の使い方は慣れたもの。と思いきや、さっそく「握り方が違う!」と、名人から厳しいひと言が飛んだ。

そこでまず全員、刈り方を一から学ぶことに。もっとも注意が必要なのは、株を握る手の向きを順手にすること。順手とは手で束をつかんだとき親指側が上に、小指側が下にくる持ち方。その反対の親指側が下にくる逆手だと、鎌をさばく手元が狂ったとき、ケガをしやすいという。鎌の刃は見かけよりずっと鋭い。

難しいのは、刈り取った四、五株を一つに束ねるとき。あらかじめ腰にまとめて留めておいた藁《わら》を数本抜き出して、イネの茎に巻き、それを宙でクルリと回して縛る。そして束ねたイネを畦に放る。畦の束が一〇束ほどにまとまると、かついでイネを干す「稲架《はざ》かけ（新潟や北陸での言い方らしい）」場に運ぶ。イネを縛るのにビニールのヒモではなく、伝統的な藁を使う方法が本格的でいい感じ。自然にもやさしいしね。

名人はいとも簡単にイネを縛り畦に投げてみせるが、実際に自分でやると、まったく駄目。まず藁の結びが弱い。しっかり結んでおかないと、イネを逆さまにして干したとき、ばらけて地面に落ちてしまう。さらに稲架に干したイネが乾いて細くなり、余計に落下しやすいという。

みんな名人やまつだい棚田バンクのスタッフの作業を見ながら、おぼつかない手つきで稲刈りをスタートさせた。しかし、まごついて進まなかった刈り取りも、だんだんコツをつかんだのか、次第にリズムが出てきた。イネの株を刈って、刈って、刈って、一つにまとめて束ねてを繰り返せるようになった。

ただ難しいのが、畦に放ること。うまくコントロールしないと、途中で田んぼに落下したりするし、乱暴に放ると穂が傷ついてしまう。結局、ぼくもみんなも一束ずつ、畦に運んでいる。

田植えも、草取りも、稲刈りも、田んぼの仕事というのは、続けてやっているうちに自然に作業に没頭し、われを忘れてしまうものらしい。みんな寡黙に刈って、刈って、束ねてを繰り返している。

ふっと気がつくと、ずいぶん時間が経っていた。体のこわばり、喉の渇きに気づいた。三〇分ほど刈り取ったあと、水分補給と休憩のため畦に上がった。前回は草取りに熱中するあまり休むのを忘れて、危うく倒れそうになった苦い経験があるから、今回は早めに休憩をとる。

しかし名人は相変わらず、もの凄い勢いで稲刈りを続けている。畦からじっくり観察した。師匠の技を盗む弟子の気分。いったい、みんなとどこが違うんだろう？

するると、あることに気づいた。足を開く幅がぼくよりずっと広いのだ。ぼくが腰幅くらい開いて、膝を曲げながら作業をするところを、名人は両足をぐっと大きく開いて、足を踏ん張りイネを鎌で刈り取っていく。ああ、これが正しい姿勢なんだと気づいた。開く両足の幅が狭く腰の位置が高いと、上体をぐっと前かがみにしなければならず、それだと腰に負担がかかりやすいし、膝もがくがくする。そういえば写真などを見ると、田植えにしろ、稲刈りにしろ、農家の人はみんな両足を大きく開いて作業している。

さっそく、ぼくも畦でその姿勢をまねしてみた。しかし、腰や膝は楽な感じだが、反面、内股が突っ張って痛い。付け焼き刃で名人の姿勢をまねても体ができていないので、結局は駄目なのだ。

農業だけでなく、体を使う仕事にはそれに合った姿勢、身のこなしがあり、経験の中で仕事に合わせて肉体も鍛えられていく。そういうことなんだなあ。名人もそうだが、農家の人はみんな背筋がしゃんと伸びている。

一方、デスクワーク中心のぼくは、どうしても猫背で肩が上がって、年寄りっぽい姿勢になりがち。一日中デスクにへばりついて、パソコンの画面を見ているんだから、仕方がないか。

などと考えていると、ぼくを呼ぶ声がした。マルチシートを使った、雑草が少ない分だけよく育った期待の田んぼ、あの棚田のほうからだ。

行ってみると、江部さん、竹中さんが深刻な表情で突っ立ったままイネに目をやっている。顔が心なしか青ざめているぞ。これは、ただごとではない！

「どうしたの？」

おずおずと聞いてみた。江部さんが指さす先には、力なくだらりと穂先が垂れて、かろうじて茎とつながっているイネがあった。どのイネも情けない姿をさらしていた。「たわわに実る」というあの弾力のある感じとはほど遠い。まったく生気がない。花瓶で枯れはてた切り花のよう。

「いもち病！」と、竹中さんはひと言発したきり黙りこくった。「稲熱病」と書く、稲作農家がもっとも恐れるあの病気だ。みんな茫然自失。さあ、どうする？

20 収穫の秋は芸術の秋

首をうなだれた情けない姿をさらすイネの前で、ぼくらは立ちつくした。稲作の大敵「いもち病」にやられてしまったのだ。いもち病にかかったイネは、葉に赤い斑点が出たり、茎の一部が変色したりする。稲穂はぐったりして茎先から垂れ下がり、籾の実りが悪い。原因は雨と曇天の空模様が一週間ほど続いたことにあるらしい。

この棚田に植えた苗は、コシヒカリの原種と呼ばれるクラシックなものだ。現在、一般に栽培されているイネは、品種改良を重ねて生まれた、いもち病には強いものが多い。

しかしわが棚田では、伝統的な稲作を目指し、苗も今ではあまり栽培されなくなったコシヒカリの原種にしたのだ。この悪天候が日照不足に弱い原種のウィークポイントを直撃した。

無農薬にこだわったのも、戦前まで一般的だった伝統的なやり方を試してみたかったからだ。

その一方で、雑草を防ぐためにマルチシートと呼ばれる黒い紙のシートを敷いた。無農薬の稲作としては最先端のやり方だけど、農薬を使うより、なんと一〇倍近い費用がかかる！という。これもチャレンジと、あえてこちらを選んだ。

つまり田植え、草取り、稲刈り、すべて機械を使わず（草刈りはビーバーを使ったけど）、昔からの伝統的な手づくりの稲作と、シートを使った新しい無農薬栽培の両方をやろうとしたのだ。しかし雑草に苦しめられ、そしてついにいもち病まで発生。無農薬の美味しいコシヒカリを原種でつくるという大《だい》それた試みは、やっぱり失敗だったのか。

スタッフ一同、肩を落とし、畦で立ちつくしていたとき、そんなこと、どこ吹く風とばかりにイネをバシバシと刈り続けている小林名人の姿が目に入った。名人もいもち病発生を知っているのだが……。

いったん稲刈りが始まったら、何があろうとも刈り続ける。そんな名人の信念のようなものが、鎌の勢いに表れていた。あらためて周囲に目をやると、稲刈り隊の面々も、手を休めることなく働いているじゃないか。

よく見れば、いもち病にやられたのは一部のイネだけだ。この逆境の中でしっかり穂をつけたものもたくさんある。

そうだ！　しっかりしなくちゃ！

せっかく実った貴重な籾を一粒たりとも無駄にしてなるものか。みんなの働きぶりに励まされるように、ぼくらは刈り取り作業に戻った。

夕方近くになり、今日の作業は終了となった。明日はすべて刈り取ってしまおうと決意を固めて、みんな長靴を脱ぐことにした。

ふー、それにしても、いもち病とはねえ。がっくりしていると、今回も稲刈りに参加してくれた玉木さんが励ましの提案をしてくれた。

「アートで疲れを取りましょう」

アートって？

この棚田がある十日町市、津南《つなん》町一帯を越後妻有と呼ぶ。各集落に現代アートが点在するところとしても有名だ。国際的な芸術祭「大地の芸術祭」の関連イベントが季節ごとに開かれていて、土曜、日曜には各地から大勢の人がやって来る。わが棚田を守護神のように空から見守っている巨大な赤トンボのオブジェも、アート作品の一つだ。玉木さんはその芸術祭の運営に携わっている。彼女の案内で、夕食前のひとときを利用して芸術鑑賞をすることになった。

いもち病ショックを吹き飛ばし、明日の稲刈りに向けて英気を養おう！

ぼくらは廃校となった小学校の校舎へ向かった。鑑賞するのは校内をすべてアートの空間にした「最後の教室」。現代美術界では世界的に有名な芸術作家であるクリスチャン・ボルタンスキーとジャン・カルマンによる作品だ。

さっそく入ってみる。と、中は薄暗くなにやら不気味なムードが。かつては体育館だったのか、天井も両側の壁も暗がりの中に消えている。闇に包まれたとりとめのない空間だ。次第に目が慣れてくると、全体がぼんやりと見えてきた。

宙に揺れるたくさんの灯りは裸電球だ。部屋にはブーン、ジーという、まるで空間全体が苦しげにうなっているような低音が流れている。スピーカーはどこに？　床はベッドの上に靴で乗ったようなフワフワしたたよりない感触で、足を踏み出すごとに不安感が増す。草の匂いがする。足もとに敷き詰められているのは干し草に違いない。稲刈り前の田んぼの匂いを思い出す。ベンチの上に何十台と置かれた扇風機の風があらゆる方向から届き、頬をなでていく。

廊下に出て次の部屋へ。心音のようなドクン、ドクンという効果音が、こちらの心臓を揺らすほど大きく鳴っている。誰かの体内にまぎれ込んだような不思議な感覚だ。今度は白く広い布地で覆われた棺桶をイメージする箱が並んだ部屋。ここも薄暗く、ちょっとしたお化け屋敷の風情だ。

二階、三階とすべての展示を見ると、いや体験すると、普段の忙しい仕事や雑事に振り回されている自分が、実につまらないものに思えてきた。外部の情報がいっさい断ち切られて、ただ一人の生身の人間に返った感じ。

そしてまたあの広い体育館のような部屋に戻る。揺れる裸電球の光、草の匂い、低いうなり声のような音、頬をなでる風と、五感を刺激される。少し生き返った。というか生まれ変わった感じだな。そう人間は五感で生きているんだ。と、はたと気づいた。だけどここには五感に一つ足りないものがある。味覚だ。そうだ食欲だ！

腹が減った。ご飯だ。米を食べたい！

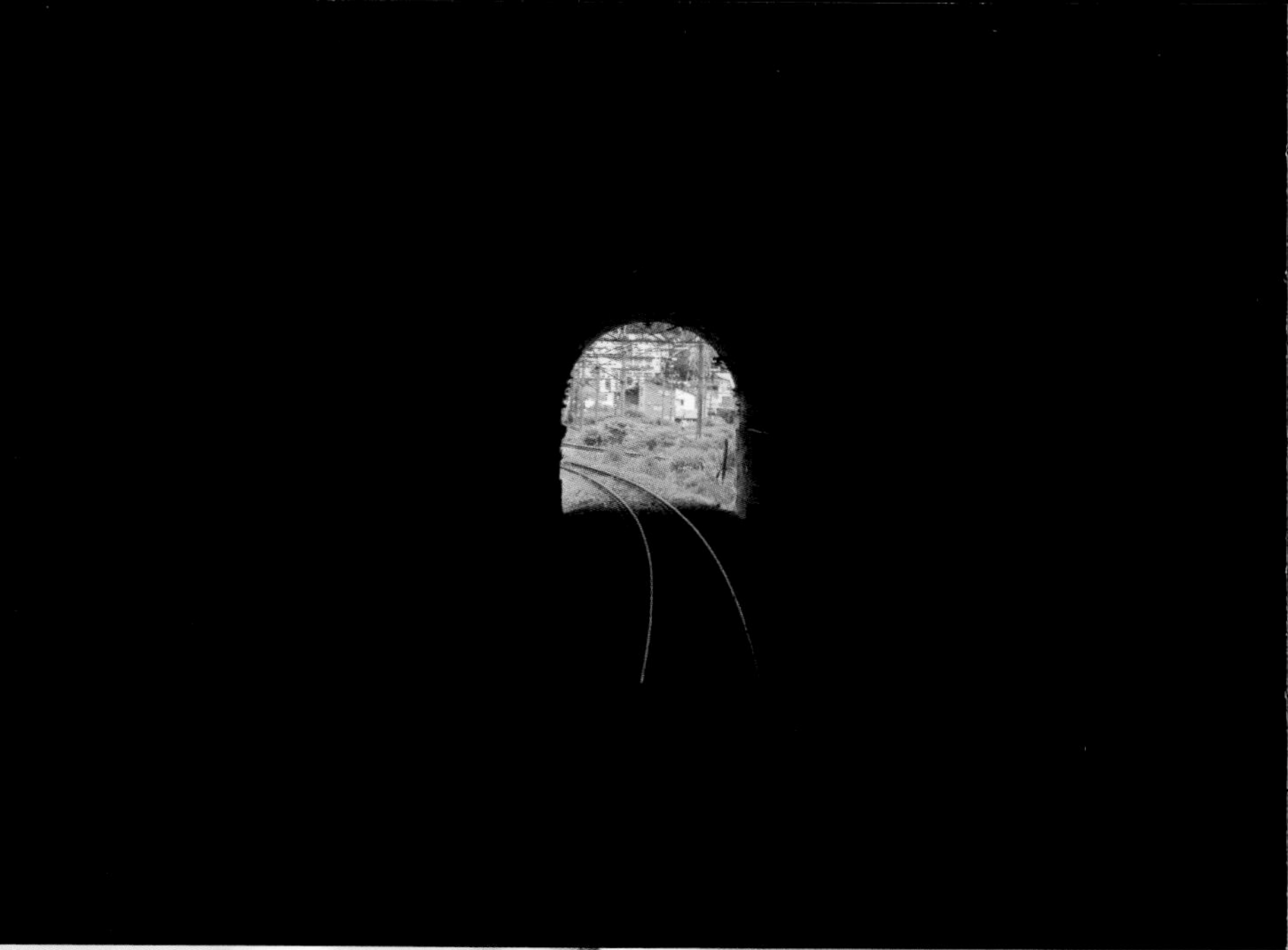

FRESH

フジワラ

21 米づくりの新米が思ったこと

夕暮れに、稲刈り隊は三省ハウスに着いた。廃校となった小学校をリニューアルした本日の宿だ。ぼくは四〇日ぶりにお世話になる。二回目の草刈りのときに一泊しただけだが、玄関を入った途端、懐かしい気分に。半世紀ほど前、自分が卒業した小学校の記憶が蘇る。

今回は稲刈り隊の面々も一緒だから、とてもにぎやか。「わー、小学校だあ」と、田んぼの疲れもなんのその、みんな子どもに戻ったようにはしゃいでいる。前回は雨模様でしっとり静かな雰囲気だったが、打って変わって今日は、さながら林間学校の気分だ。

荷を解く間もなく夕食の時間となった。食堂には夕餉《ゆうげ》の香りが満ちていた。もしかして？　厨房に声をかけて聞いてみると、期待どおりの答えが返ってきた。今日のご飯は魚沼産コシヒカリの新米！である。

一人、先に釜の蓋を開けて、香りを嗅いでみる。かすかに湯気が立ち、ほんのりと米の香りが。うーん、たまらない！　茶碗に少しだけ盛って箸で口に運ぶ。目を閉じてゆっくり噛みしめると、もっちりした感触と米の甘味が口いっぱいに広がり、棚田の風景が脳裏に浮かぶ。里山食堂のランチに続いて、またしても自分だけフライングしてしまった。いやはや恥ずかしい。とにかくご飯が旨い。

新米に加えて、おかずももちろん地元食材を使ったもの。なす、かぼちゃ、豆、にんじんの天ぷらがおいしい。さらに独特な淡い紅色の芋茎《ずいき》の漬物が。ぼくは初めていただく。これでご飯をまたお代わり。美味しい新米と野菜が出回る秋だから、食欲の秋なのだ!!

夕食がすむと、小林名人を囲んで稲作と美味しい米について話を聞いた。

名人は窒素、リン酸、カリウムという肥料の三要素からひもとき、米づくりについてミニ講義を始めた。やはり稲作の現場でも、理科の「基礎知識」が大事なんだと納得して聞いていたら、ふいに現実的な問題に話がおよぶ。

「今年は収穫直前に倒れたイネが多かったが、それは土地が肥えすぎていたからだね」

「えっ？」と聞き返すと意外な答えが。

つまりこういうこと。昨年は悪天候のせいでイネの中には生育が良くないものも出てきた。それらは土の窒素を吸収しきらずに刈り取られた。そのぶん土には窒素が残り、今年新しく加えた窒素肥料がそれにプラスされ、結果として肥料過多となった。その結果、イネが成長しすぎてしまったのだ。あまり茎の丈が長く伸びると風に弱くなって、刈り取る前に根元のあたりから茎が折れて倒れてしまうのだ。

二回目の草刈りで目についた他の田んぼの倒れたイネは、こうした栄養過多も原因の一つだった。

田んぼの土は、去年から今年へ、今年から来年へと受け継がれていく。長い時間の流れの中で田んぼの土は常に変化し続ける。田植えから稲刈りまでは五カ月ほどだけれど、実はその前後の半年以上にわたって、土の状態を見極めて手当てすることも、米づくりには大切だということ。やっぱり稲作は奥が深い。

農家の人の寿命は普通の会社員より平均で三年ほど長い、と聞いたことがある。たしかに八〇歳を過ぎてもなお田畑で汗を流す元気な人は多い。小林名人は六四歳だが、この魚沼の稲作農家ではまだ中堅どころ。長老と呼ばれるのはもっと先のことだ。それにしても、なぜ農家の人は長生きなのだろうか?

米づくりを通して一つ学んだことがある。地面についてだ。裸足で田んぼに入ったときに、ぼくは「土地の力」というものを強く感じたのだ。

「グラウンディング」という言葉がある。これはグラウンド、つまり大地、地面を由来とする言葉で、大地からエネルギーをもらい、自分がかかえるストレスを解消して健康になるということ。心理療法などで実際に使われている。そういえば太極拳やヨガも大地からエネルギーをもらうという考え方で練習するが、これも大きな意味ではグラウンディングだ。たとえば芝生の上を裸足で歩くと、とても心地よく解放されて生き生きとした気分になる。

米づくりにはグラウンディング、癒しの効果が潜んでいるのかもしれない。人は長い間、裸足で土を踏みしめて暮らしていた。靴を履きコンクリートやアスファルトの上を歩くようになったのは、長い人類史の中ではつい最近のことだからなあ。土に触れながら暮らすこと、地面に立ち、歩くことは人間にとって実に大切なことなんだ。

小林名人は電気工事、水道工事を自分でこなすという。イノシシやアナグマを包丁一本で解体できる。農家の人は、仕事で使う道具や設備を自作する人が多い。農業というのは農作業や生活にまつわるものを自力でつくってしまう、実に創作的な仕事だともいえる。

そうだ、稲作は創作なのだ。イネをつくり出すというのは、それそのもので「創作活動」じゃないか。天気や自然は日々変化する。それと相談しながらつくり方や世話の仕方も変えなければならない。体を使うだけではなくて、いっぱい頭も使う。そんな仕事なんだなあ。

名人の話は尽きない。酒のピッチもいっこうに衰えず、ますますハイテンションに。

「こういう日はたいていカプチに繰り出して、そのまま店で寝てしまうんだよ」

カプチとは「カプチーノ」という店のことらしい。そういえばまつだい駅前で見かけた不可思議な看板を思い出した。店名がカプチーノなのに、なぜかラーメンとでっかく掲げられていた。

名人によると、メニューにコーヒーのカプチーノはなくて、名物は豆腐ラーメンなんだとか。夜遅くなると、店の主人はいなくなり、客が自分たちで冷蔵庫から酒を出して勝手に飲むのが通例だという。なんてへんてこりんな店だろう。一度、名人と一緒に入ってみたい、とぼくらは大いに盛り上がり、すっかり夜更かししてしまった。

22 収穫は喜びだ！

三省ハウスに朝が来た。二段ベッドを出ると、冷気に肩がすくむ。雨粒が窓ガラスを叩く音が聞こえてくる。このひどい雨の中、稲刈りなどできるのか。ちょっと不安。さっそく小林名人に天気について聞いてみよう。

しかし、名人の姿はもうなかった。夜明けには自分の田んぼに向かったとのこと。昨夜はいちばん最後まで飲んでいたのに、なんてタフなんだ。「どんなことがあっても朝五時には田んぼにいる」と言った名人の言葉は嘘ではなかったのだ。

ぼくらはともかく朝の腹ごしらえだ。食卓の料理を見た途端に元気が出てくる。納豆、昆布の佃煮、切り干し大根など、地元の里山料理に新米のご飯が旨い。朝からお代わりだ。

昼前には雨がやむという予報を携えて、竹中さんが三省ハウスにやって来た。雨がおさまるまでトンネルを見学するという。

「トンネル？」

稲刈りに来たのにトンネルとは？　頭の中には疑問符が渦巻いたが、稲刈り隊一同、ともかくバスに乗り込む。目的地の駐車場には三〇分ほどで到着したが、やっぱり外は雨。バスを降りると、みんなでトンネルの入り口まで小走りする。古くから行楽客に親しまれてきた絶景の名所だというのだが、なぜトンネルなの？「景勝地だ！」というのが、どうもピンとこない。

その名は「清津峡渓谷トンネル」という。歩行者専用のトンネルで、全長が七五〇メートルもある。そうか、これも稲刈りの準備運動というわけか。

さっそく中へ足を踏み入れた。車や電車に乗って走り抜けるのではなく、自力で一歩一歩、薄暗がりの空間を進んでいく。滞留する空気を静かに切り開いていくようなこの感覚は、ずっと忘れていたものだ。そういえばトンネルを最後に「歩いた」のは、いつのことだろうか。稲刈り隊に参加した子どもたちも、しっかり前を向いて歩いている。頼もしいなあ。

そろそろ終点かという頃、ゆるやかにカーブしたトンネルの先に、いきなり大きな陽の光が現れた。まぶしい。トンネルはいきなり断ち切られて展望台になっていた。そこからの眺望はまるで映画のスクリーンのようだ。一面に美しい緑の渓谷が広がっている。トンネルはこの絶景を観賞するために掘られたものだったのだ。なんという贅沢だ。

そこに立って景色を眺めていると、明るい地上に芽を出した植物の気分だ。渓谷の底には清流が曲がりくねりながら流れている。きっと何万年、何十万年とかかって、水流が岩を削り地中を掘り下げていったのだろう。途方もなく辛抱強い自然の営みだ。

トンネルの入り口に向かって戻る道すがら、ふいに頭に浮かんだ言葉「地霊」について考えた。ヨーロッパではゲニウス・ロキとも言う。これは霊体とかお化けではなくて、その土地が持つエネルギーのことだ。植物から動物、もちろんイネも人間もこのエネルギーに影響を受けている。都会ではコンクリートによって地霊のエネルギーは封じられているけれど、それでも唐突に地面を揺さぶって、ぼくらに不意打ちを食らわせたりする。

魚沼のように、自然がふんだんに残っている場所では、日々大地のエネルギーを感じることができる。それが人を穏やかな気持ちにしたり、ときに不安にしたりする。そんな大地のエネルギーがイネを育てる。そう、イネはやっぱり大地が育てるんだな。人間はそれを少し手伝っているという感じ。棚田で稲作をやってみて、それがよくわかった。大地を貫くトンネルは、ぼくにそんな自然の摂理を教えてくれた。

見学を終えて、わが棚田に着いた。その頃には予報どおり雨が上がっている。一足先に着いた竹中さんたちが田んぼで奮闘中だった。その中に見慣れない顔が。地元の農家の山賀一さんが、素人集団の収穫を心配して、駆けつけてくれたのだ。強力な助っ人も来てくれた。よし、やるぞ！と気合いを入れて稲刈り隊一同、鎌を手に取った。五枚ある棚田のうちでいちばん下段にある一枚に、白いロープで四角く区切った場所ができていた。いもち病にかかったイネたちをほかの健康なイネと区別するために囲ったのだ。こうやってみると、いもち病のイネはほんの一部だとわかる。全体としてはうまく育っている。

ぼくたちは昨日覚えた刈り取り方法にしたがって、刈って、刈って、刈って、束ねてを繰り返した。ところが、それらの束を背にかついで立ち上がろうとしたとき、昨日と打って変わって腰が上がらない！　イネが重い、重すぎるのだ。雨水をたっぷり含んで、ずっしりと重みを増したイネは、まるで鉛に変わってしまったみたい。

「雨の日の刈り取りは、イネが重くなりすぎて、ぼくだって持てないときもあります」

身長一八〇センチをゆうに超える大男の竹中さんも、雨の日の稲刈りは体にこたえるという。

イネの束の数を少し減らして、どうにかかついでみた。やっぱり重い。しかし、その重さがどこかうれしいから不思議だ。ずっしりと肩にかかるこの重みは、五カ月間がんばってきた成果でもある。これが収穫の喜びというものなのだ。ぼくらはひたすら刈って、束ねて、稲架にかける作業を繰り返した。

と、山賀さんが遠くの空に目をやりながら言った。

「もうすぐ雨になるから、雨合羽、用意したほうがいいよ」

えっ？　だって雨は上がったばかりじゃないか。空も少し明るく薄曇りになったのに。まさかね？

23 棚田に愛を込めて

五月末の田植えに引き続き、秋の稲刈りにも料理家のマツーラユタカさんがつくった昼ご飯が届いた。今回は「青果ミコト屋」の鈴木鉄平さんも、珍しい伝統野菜の料理を持参してくれた。稲刈り隊の面々も、このランチを心待ちにしていたようで、みんなに笑顔が広がっていく。

彩りの鮮やかな料理がずらりと並んだ中で、ぼくが真っ先に手を伸ばしたのは芋煮だった。田植えのときは気温三〇度の暑さに音《ね》をあげたが、今日の稲刈りは、体を休めた途端に冷たい風が身にしみるような、あいにくの天気。あったかい芋煮はありがたい。しかも里芋は、なんでも「甚五右ェ門芋」という山形の農家、佐藤家だけがつくっている貴重な品種だそうだ。きのこ、こんにゃくと一緒に食べると、体のこわばりがほどけて気持もあったかくなっていく。おかずの野菜たちも、東京ではなかなか口にできないものばかり。信州産在来種の八町きゅうりのほか、黄色いかぼちゃのコリンキーもある。
おっ、食用菊のもってのほかもあるじゃないか！　以前、取材で新潟の畑まで出向いて、食べたことがあった。あれ以来、もってのほかは、ぼくの憧れの食材だ。

ご飯は黒酢を混ぜ込んだ鮭のにぎり飯と、梅酢で炊き込んだお稲荷さん。にぎり飯の米は冷えても旨い、というものでなくちゃ駄目。アツアツの炊きたてご飯は、たいていの米が美味しくいただける。しかし冷や飯はそうはいかない。やっぱり粒に保水力があって、旨味を残すものでなくてはね。

江戸時代、江戸では朝に飯を炊いて温かいご飯、昼は冷や飯、夜は茶漬けにしたという。京阪では昼に飯を炊き、朝、夜は冷や飯を食べたそうだ（青木美智男『全集　日本の歴史　別巻　日本文化の原型』小学館）。どっちにしても、一日二食は冷や飯だったわけだ。それだからこそ日本の米は、冷や飯でも美味しいものに進化してきたのだろう。

さて、冷や飯にしてもとびきり旨いという、わが棚田の魚沼産コシヒカリに話を戻そう。

ついさっき、農家の山賀さんは空を眺めながら「もうすぐ雨」と自信たっぷりに予報した。みんな「そんなバカな。だってだんだん空は明るくなっているじゃないか」と楽観していた。

しかし一〇分後、ポツリポツリと雨粒が降ってきた。予報どおりの雨だった！農家の人の空模様を見極める力は、ピンポイントで的確である。すごいなあ、いったいどこでわかるの？

ここで不思議なことが起こる。雨が降り始めても、稲刈りチームの動きが止まらないのだ。鎌を振るい、イネを束ねるその手を休めることはなかった。普段なら傘だ、雨宿りだ、となるところを、みんな濡れながらも黙々と作業を続けている。これが田んぼでの米づくりの不思議な魔力だ。

稲架かけ場に目をやると、いつの間にか、刈り取って逆さに吊したイネの束が、三段あるバーの上段まで達している。おお、どんどん進んでいるぞ。

イネは機械で温風乾燥するのが、今では当たり前だ。特に最近、乾燥温度をコンピュータで細かくコントロールする機能を備えたものも出てきて、天日干しをする農家はほとんどいない。しかし機械を使わず、苗の手植えで始めたこの棚田は、やはり最後も機械乾燥ではなく、天日干しで終わる。

田植えに引き続き今回の稲刈りにも、柏崎市から参加した高橋宏和さん。彼は大の米好きで、機会を見つけては田植えや稲刈りのイベントに参加して腕を磨いている。普段はオフィスワーカーだが、ひとたび田んぼに入ると、その身のこなしはプロの農家はだしだ。働く彼の姿を目にしたぼくらは「リーダー」と、勝手にニックネームをつけたくらい。

「とにかく天日干しの米は旨いんですよねえ。絶品です」と、リーダーは言う。彼はとろけるような目で、稲架にかかった稲穂を見つめていた。

かたわらに目をやると、子どもたちがカエルと戯れていた。かつてはどこの田んぼにもいたカエルやイモリといった両生類、ゲンゴロウ、タガメなどの水生昆虫は、どんどん姿を消している。そう、この棚田は無農薬なのだ。だからカエルが元気に生きていけるというわけ。かつては当たり前だった田んぼの姿が、ここには残っている。

イネの刈り取りが進み、あと三〇分ほどで予定の終了時間だ。それまでにすべて刈り取れるか、うーん微妙なところだ。

と、遠くで黙々と作業する男性の姿が目に入った。あれ、小林名人？　今日は自分の田んぼの仕事があって姿を見せないはずが、やはりぼくらの仕事ぶりが不安だったのだろう。いつの間にか現れて、チームの中でひときわ勢いよく鎌を振るっているではないか！

「そろそろ終わりそうです」

竹中さんが、稲架かけを手伝っていたぼくに声をかけてくれた。慌てて鎌を持って最後にイネが残った棚田に急いだ。最後のひと株はぜひこの手で刈り取りたい！

中心で腕を振るっているのはやっぱり名人だ。「よし」と気合いを入れて、その輪の中にぼくも入ろうとしたが、名人の勢いに気圧《けお》されて、決心がつかない。

そうこうしているうちに、彼の鎌がますます勢いを増し、フィニッシュに向かって、まるで稲作農家の本能に従うようにスピードアップしていく。みんなも手を休めてただ見守るだけだった。そして名人の手で最後の一株がバサッと刈り取られ、ついに稲刈りは終了となった。

拍手！

稲架かけ場には刈り終えたイネが堂々と並んでいる。サイズはやや小ぶりだというが、いやいや、さまになっているじゃないか。ぼくらの五カ月間の汗と涙の結晶なのだ！

最後はチーム全員で記念撮影。これは田植えと同じ。田んぼの仕事はみんなの笑顔で始まり、みんなの笑顔で終わる。つまりチームワークなんだね。

さて、あとは精米された米が届くのを待つだけ。いったいどんな味わいに育っているのか、楽しみに待つことにしよう。

さようなら、わが棚田よ、いとしの米よ！

24 わが米の味は美味なり

二〇一九年一二月一九日、待ちに待った新米が届いた。

専用の茶色い米袋に入っている。スーパーのビニール袋入りの米を見慣れた目には、この厚いクラフト紙がうれしい。風格を感じる。精魂込めて栽培し、収穫した米にふさわしい衣装だ。

袋の表には極太文字で「大地の米」という堂々としたロゴがプリントされている。これが、ぼくたちが育てた米のブランド名だ。裏面のラベルには原料玄米の産地表示として「単一原料米、新潟県十日町市松代」。品種は「コシヒカリ」、産年は「2019年」と記されていた。前にも書いたけれどこの単一原料米という表示が鍵で、これは他の産地の米をいっさいブレンドしていないという証明になる。

十日町市松代という産地表示は、ワインでいうとボルドーのポイヤックとかブルゴーニュのヴォーヌ＝ロマネに値するはず、などと勝手に盛り上がり、さて、いよいよ封を切ることにした。

米粒を早く拝みたいばかりに一気にハサミで切ろうとしたが、かろうじて思いとどまった。長い時間、労力をつぎ込んで収穫、精米までたどりついた米なのだ。まずは手を合わせ、一礼してから袋の口を閉じている紙ヒモを丁寧にほどいた。

口を開けると、白い米が顔をのぞかせた。と同時に新米のほのかな香りがあふれ出す。まるで挽きたてのコーヒー豆の香りを嗅いだときのような感激。わが松代コシヒカリの精米はまさにブルーマウンテンだ！と、一人悦に入る。

まだ夕食には早い午後四時だが、封を開けて香りを嗅いだら我慢できない。さっそく炊いてみよう。本来は土鍋がふさわしい気もするが、炊き慣れない方法で失敗はしたくないので、ここは炊飯器の世話になる。ほどなくして炊き上がる。蓋を開けると、湯気が立ち上る。鼻を寄せて匂いを嗅ぐ。おっと、火傷するぞ！

思わずのけぞった。

茶碗に軽くよそうと、またしても手を合わせて「いただきます」。待ちに待った瞬間の到来に、魚沼だ、コシヒカリだ、無農薬だ、天日干しだ、と心で唱えて、口に入れた。

意外にさっぱりしているぞ、おー、ゆっくり噛んでいくと、これまで現地でたくさん食べてきたあの米の味わいが口に広がった。松代の土と水とお日様のエネルギーを凝縮した香りと味だ。ふりかけはもちろん、漬物だっていらない、何も足さない、何も引かない、茶碗一杯で完結するわが米である。

今回は特別にお願いして、一キロ入りの中米とクズ米もつけてもらった。クズ米は玄米状態だった。普段は市場に出回らないもので、さてこれをどう料理しようか。チャーハンや炊き込みご飯もいいなあ、などと思いめぐらしたのでありました。

冬の棚田

こんなに雪の少ない冬は地元の人も記憶にないと言っているらしい。

25 私を棚田に連れてって

二〇二〇年一月、まだ鏡開きもすまない頃、ぼくは再びまつだい駅に降り立った。五度目の棚田だった。

春はまだ遠い先である。棚田は冬眠中だ。にもかかわらず、なぜやって来たかというと、ぼくのワガママにすぎない。ただただ冬の棚田を見たかったのだ。

雪に埋もれた棚田に会いに行こう。というわけでおなじみの江部さん、阪本さん、田植えと稲刈りに参加した編集部の沼由美子さんに私を加えた総勢四人で、電車に飛び乗ってやって来たというわけだ。

松代はわが第二の故郷である。改札口の向こうに懐かしい顔が見える。越後妻有里山協働機構の淺井さんだ。「ただいま、帰りました」という感じでぼくらは挨拶をした。

はるばるここまでやって来たからには、まずはわれらが棚田を拝顔しないわけにはいかない。というか、そのつもりで雪道も歩けるブーツを履いてきたのだ。しかし、なんと外は雨模様だった。ぼくたちは用意してくれた田んぼ用の長靴に履き替えて、傘を差して棚田に向かった。

……行く先は一面の雪景色、深い雪の下で春の訪れを待つ田んぼがぼくらを待っているはず。北国の深々とした静寂の中を、ザックザックと深い雪をラッセルしながら進む雪中行軍。そんな漠然としたイメージは脆《もろ》くも崩れ去った。道はアスファルトがむき出しで水たまりもある。ああ残念。調子が狂うなあ。

「こんなに雪の少ない魚沼は初めて」と淺井さん。

そのひと言でわれに返った。この少雪は今年の米づくりになにかしらの悪い影響を与えるかもしれないのだ！　ぼくが勝手に期待していた雪国の叙情的風景なんかより、魚沼の稲作への影響のほうがやはり心配だ。

雨の中、アスファルトの坂道を上って、棚田へ通じる無舗装の脇道へたどり着いた。こちらには土の上にうっすらとだが雪が積もっている。先導していた江部さん、沼さんらが脇へどいて「どうぞお先に」と、棚田への道を指し示す。

「どうも」と、おごそかにうなずいたぼくは、最初に冬の棚田を目にするという栄誉を受けるべく、背筋を伸ばしさっそうと脇道へと足を踏み入れた。やがて手前の棚田が見えてきた。雪で白くなっているのは畦道だけだ。田んぼは一面に水をたたえている。近寄ってみると、鏡のように空模様を映し出していた。やっぱり極度の少雪だ。こんなに雪の少ない冬は地元の人も記憶にないと言っているらしい。雪が少ないと棚田は水不足になる。山に降り積もった雪解けの水が頼りだからだ。地球温暖化のせいだろうな。そんなことが頭をよぎったとき、前方に不可解なものを発見した。

えっ、あれはなんだ？　ずっと奥の田んぼの中に立っているのは案山子《かかし》？　いや、動いているぞ。あれは黒ずくめの人間じゃないか！　こんな人気《ひとけ》のない真冬の田んぼでいったい何をしているのだ。フードをすっぽりとかぶり、こちらに背中を向けて田んぼの中に佇んでいる。しかも動きが異様に怪しい。背中を揺らし、左右の腕を振り回している。あきらかに普通じゃない。酔っぱらいか？

「誰かいるよ、誰なの？」

振り返って他のメンバーに聞いたが、誰も答えない。浅井さんも沼さんも江部さんも、怖じ気づいたのかその場を動こうとしない。ぼくをあの怪しい奴の楯にする気なの？　なんて人たちだ。カメラをかついだ阪本さんだけが、ぼくの後についてくる。「あれ？　ほんとだ、人がいますよ、人だ！」。阪本さんが叫んだ。

そうなんだよ、なんかとてもヘンな人だよ、いったいどうする！　ぼくは思わず握り拳をつくり身構えた。

26 続・棚田の用心棒

田んぼの中の怪しい人物は奇々怪々な動きを繰り返している。阪本さんが「まさか大治朗くんと違いますか。あそこは田植えのときにiＰｈｏｎｅをなくしたあたりでしょう?」と冗談めかして言った。

が、ぼくはぜんぜん笑えない。もしかすると、あいつは刃物でも隠し持っているかもしれないではないか。あの暴力的な動きは尋常ではない。曇天の空に向けて腕を振り回し、怒りに燃えているようだ。後ろ向きで頭からフードをかぶり、正体を見せないところがいっそう怪しい。田んぼの怪物、モンスターだ!

しかし阪本さんは勇敢だった。常にシャッターチャンスを狙う写真家の本能がそうさせるのか、彼はみんなをさしおいてモンスターのところへ小走りに近寄り、いち早くその正体を見極めようとした。まるで戦場カメラマンのごとき勇気である。阪本さんが「あっ!」と大声を上げた。

「ほんとに大治朗くんや、何で？　ここで何してるん？　ほんまにｉＰｈｏｎｅ探しに来たん？」と、思わず関西弁でまくしたてた。

まさか、そんなことはありえんッ！　と、ぼくは急いでモンスターの正面にまわり込んだ。その顔を目にした途端、全身の力が抜けて思わず畦道にしゃがみ込んでしまった。それはたしかに編集部の新人、河野大治朗くんだったのだ。

「田んぼに入ったら、泥にはまって足が抜けないんですよ。助けてくださいよ〜」と、情けない声を出している。あの不気味に見えた体の動きは、田んぼの泥から足を抜けずに、バタバタともがいているだけのことだった。バカ野郎！

「あれ、どうしたの大治朗くん、ｉＰｈｏｎｅ探しに来たの？」と、江部さんがニヤニヤしながら近寄ってきた。沼さんも淺井さんも、ちっとも驚いていない。

三人の表情で真相がわかった。ぼくと阪本さんは、一杯食わされたというわけ。すべて仕組まれたことだったのだ。河野くんは江部さんの指令を受けて、東京からこの棚田まで一人旅でやって来た。そしてぼくらを驚かせるべく、先回りして田んぼに入ってみんなを待っていたのだ。たしかにヘンだったよねえ。ぼくと阪本さんだけ田んぼに先に行かされて、みんなはわざと後ろに離れていたからねえ。

しかしあろうことか河野くんは、田植えのときに紛失したiPhoneが、もしや泥の中から見つかるかもしれないと、長靴の足で田んぼに入ったらしい。もちろん見つかるはずはない。もし万が一出てきても、何カ月も泥の中に埋まっていては、使い物になるばすはないだろう！　なんというiPhoneへの執着心なんだ。呆れるばかりだ。

泥から救出された彼は「みんな来るのが遅いですよ。二〇分も冷たい田んぼの中にいて足が凍傷を起こしそう」と文句を言う。はい、どうもお疲れさんでした。ぼくは大笑いする余裕もなく、恐怖と寒さから肩がかちかちに凝ってしまった。足も重い。ありったけの体力を使い果たした感じだ。と、そこへ江部さんの救いのひと言が。

「ひとまず温泉に行きますか」。そうだよね。人をさんざん驚かせて楽しんだのだから、それくらいの罪滅ぼしは当たり前だよね。

というわけで「まつだい芝峠温泉 雲海」に向かう。ここは夏の草刈りのときに寄ったことがあった。本日も温泉でまず湯を楽しみ、体を清めることにした。

この温泉の最大の楽しみは、露天風呂からの展望である。なにしろ眺望がすばらしい。天候によっては露天から眼下に雲が見えるという。雲海という名もそこからきている。さて、今回はどんな冬景色を楽しめるか？

まずは室内の広い湯船に体を沈めて、ゆっくりと冷えを取る。旅の疲労感がじんわり湯に溶けていく。それから露天へ出てみた。さすがに寒い！　すぐに湯に飛び込んだ。ふーっと深いため息をつき気持ちが落ち着くと、ガラス張りのフェンスに腕をもたせかけて、じっくりと眺望を楽しむ。

眼下には棚田が広がり、遠くに山々が連なっている。夏の日に眺めた鮮やかな緑色の風景と違って、今は色あせた灰色の、どこかもの悲しい雰囲気が漂っている。白銀の雪景色の棚田、冠雪の山々を期待したのになあ。ついさっき見た棚田も、まるで春間近という感じだった。田んぼの透き通った水、畦道の溶けかかった雪。春の到来を予感させる風情たっぷりの景色だったが、豪雪地帯の一月の風景ではない。ちょっとおかしいよね。米づくりは大丈夫なんだろうか。そうだ、棚田の名人に聞いてみよう。

湯から上がったぼくらは、その足で「カプチーノ」を目指して出発した。あの店へ行けば、きっと小林さんに会える。

27 カプチーノの夜

冬の棚田見学チームは、新たに編集部の河野くんが加わり全部で五人に膨らんだ。

棚田をあとにしたぼくらはまず、温泉で体を温めてから、淺井さんが運転する車に同乗させてもらい次の目的地に向かった。

そしてついに今、謎の店「カプチーノ」にたどり着いたのだ。小林名人が語っていた、店名がカプチーノなのにメニューにコーヒーがない店、代わりにラーメンがある店、ラーメンといっても普通のラーメンではなく豆腐ラーメンが名物の店、米づくりに勤しむ地元の人間にとっては最高に居心地がよい店だという。ぼくらはここで今年の米づくりについて盛り上がる算段だ。

店のそばに近寄ってみると建物も看板もでかい！　大きな倉庫を改築し白く化粧直ししたような風情である。米づくりでまつだい駅に降り立つたびに、その看板を目にして「いったいどんな店なのだろう?」と気になって仕方がなかった。

名人の話にこの店のことが出てくるたびに、どんどん謎が深まり、好奇心を掻き立てられていったカプチーノ、その扉を開くのはぼくの役目だ。さて、正体はいかに?

ドアから中に一歩足を踏み入れた途端、あの懐かしい時代、昭和へと気持ちが一気に引き込まれた。店内にはバーカウンターと広めの小上がりがあり、奥にゆったりとしたソファが並ぶ。その横に、むむむ、何だ、あれは? そうだ、カラオケ用のステージじゃないか。

カウンターの中でぼくらを迎えてくれたのは、白いシャツにネクタイ姿のマスターだ。ダンディーである。懐かしのムード歌謡をクールに歌う歌手のような雰囲気が漂っている。

カプチーノがここ、まつだい駅前に店を開いたのは昭和五六年だそうで、正真正銘の昭和なのだ。もしかすると、この旅そのものが昭和へのタイムスリップだったのか、とさえ思えてくる。

カプチーノは日本がいちばん元気だった昭和の時代にオープンして、不況と二度の大地震があった平成を経て、令和の現在まで営々と続いてきた計算になる。マスターによると、開店してから今まで二度、休業したらしい。その理由を問うと、笑ってはぐらかし答えてくれない。この店もきっと、いろいろな浮き沈みがあったんだろうなあ。

ぼくは小林名人おすすめの「豆腐ラーメン」を、今日はぜひとも食べてみたいとお願いした。すると、マスターの表情が曇った。

「豆腐はほかに具がなかったから試しに入れてみただけで、それほど味に自信はないんです。だから今はメニューからはずしちゃった」

すまなそうにマスターが言う。

俺のラーメンを食ってみろ！　というような店が多い中、なんて謙虚なんだろう。でも、こちらから頼み込むと、飲み終わる頃を見計らって、特別に裏メニューとして出してくれると約束してくれた。

するとそこに、竹中さんが登場。一緒にまつだい棚田バンクのスタッフで、女子サッカーチーム「FC越後妻有」のメンバーの二人も顔を見せてくれた。これで店内は一気に活気が出てきた。

そうこうしているうちに、ついに小林名人が姿を現した。髭がぐーんと伸びて、棚田の仙人という面持ちだ。いつものように一人でカウンターに座ろうとするので、ソファに陣取ったみんなの輪の中に、むりやり引き入れた。

やがてもう一人、お客さんが入ってきた。地元の客かと思いきや、なんとリーダーこと高橋さんではないか。海沿いの町、柏崎から田植え、稲刈りに農作業着、長靴持参で参加し、プロはだしの腕前を披露したあの人だ。江部さんがメールで連絡をしたら駆けつけてくれたという。会社が終わってすぐに車を飛ばしてやって来たのだ。ドアから顔をのぞかせたときは、農作業着ではなく通勤着姿だったので気づかなかったが、その笑顔を見てたちまち田んぼでの記憶が蘇った。おお、お懐かしい！

いやいや今夜はうれしいサプライズ続きだ。みんなと顔を合わせるのは、三カ月前の稲刈り以来のこと。東京を四人で出発し、そのままカプチーノで静かな夕食か、と予想していたのだが、蓋を開けるとこの大人数が集合した。棚田の大同窓会だ！

乾杯が終わると、もうあとは大騒ぎ。何を食べようかとメニューを見ると、見慣れない「メグピー」なるものがあった。これ何？ ピーはピーナツかな、メグはメグミルクか？ 気になって注文をしてみると、マスターが出してくれたのは、なんとピンク色のオリジナルカクテルだった。

「ピーはピーチ。メグは昔よく来ていた、めぐみというお客さんの名前からとったんです」

めぐみさんは今どこに？ マスターとの関係は？ 口まで出かかった言葉をのみ込んだ。こういうことを聞くのは野暮である。

大宴会もついにカラオケが飛び出すまで盛り上がった。まずは小林名人が先頭を切り、渋い低音を響かせた。カラオケなどとうに卒業したはずのぼくも、久しぶりにマイクを握った。曲はやっぱり昭和にちなんで「ヨイトマケの歌」だ。わがボーカルはメロディとずれまくり、部屋の空気を震撼させたが、そこは竹中さんの平成のJ－POPが救ってくれた。田んぼで鍛えた右脚で、床を激しくキックしながら声を張り上げる大迫力の熱唱に一同大喝采。いいものを見ました、いや、聴きました。

ああ、酔いが回った。鶏の唐揚げやら餃子やら、ボリュームたっぷりのマスターの心づくしの料理を堪能したあと、最後に豆腐ラーメンがテーブルにやって来た。

旨い！　と言いたいところだが、酔っぱらっていて、味の記憶はありません。〆にぴったりのさっぱり醤油味だったような……。また機会があれば、そのときはしらふでいただきます。ありがとう。

やがて宴が終わり、カプチーノの外に出た。あれだけ大騒ぎしていたのに、みんな急に黙りこくり、真っ暗な足もとを気遣いながら、ゆっくりとした足どりでまつだい駅へと歩いていく。山里の冬の闇が肩にずっしりとのしかかる。でも、心はぽかぽかに温かい。

田んぼで一緒に汗を流した時間は、長い人生の中でもほんのわずかだ。しかし、このつながり感はなんだろう。これが田んぼの力でなくてなんなんだ！

ああ、今年も米をつくりたい。昨年よりずっと上手にやれるはずだ。もっともっと旨い米をつくろう！

二度目の稲刈り

それにしても、なぜ田植えや稲刈りがこんなに楽しいのだろうか？

28 コロナ禍での米づくりはどうなっているのか

コロナ禍の自粛生活で家にいる時間が増えた。だからだろうか、米について考えること、田んぼについて思うことが多くなった。

稲作に関わる映画をＤＶＤで見直してみたりした。今井正監督の、そのものずばりのタイトル『米』という映画は、戦後間もなくの田んぼの風景がふんだんに登場して、何度観ても興味深い。イタリアのネオリアリズム映画で、ジュゼッペ・デ・サンティス監督の『にがい米』は、黒いストッキングをはいた肉感的な女性たちが田植えをするシーンが有名で、見終わったあと、急にリゾットを食べたくなったりした。

で、なぜそんなに米に夢中になるのか、つらつら考えた。もしかするとこういうことかもしれない。

六万年から一〇万年くらい前、アフリカにヒトが誕生したといわれている。彼らは道具を使って狩りをすることで、旨い肉にありつく術を覚えた。しかし、それだけだったらヒトは、イノシシやシカやフルーツや木の実を食べて、つつましくこぢんまりと生きていくだけだっただろう。

でも、人類は穀類の栽培を思いつき、これによって爆発的に人口は増えていった。そして世界は、ホモ・サピエンスだらけになってしまう。ぼくは地球上に存在する七〇億のホモ・サピエンスの中の一人。平地が少ない日本列島の片隅に、へばりつくように生きながらえている。

自分が存在するのも、穀物あってのことなんだなあと、今あらためて思う。穀物がなかったらホモ・サピエンスはこの島国で、これほど繁栄することなどできなかっただろうし、そもそもぼくは存在しなかったんじゃないか。

さて、その穀類の中で何がいちばん好きかというと、やっぱり米だ。フランスパンも食パンも好物だが、どれがいちばんんか？　と聞かれると、ふっくら炊き上がったあの白いご飯しかない。なにしろ「お」がつくのは米だけ。お小麦とは言わない。米って、他の穀物に取り替えがきかないですよね。

しかし近頃、米はパンや麺類に押され気味で、食卓での印象が薄れている気もする。ちょっと調べてみると、日本人一人が食べる米の量は半世紀前の半分近くまで減っている。なんと半分ですよ！

でも、全体の消費量は減っても、ぼくの中では米の存在感はどんどん上昇しているから不思議だ。ご飯はたんなる日常食というより、ぼくにとっては今や大切に味わって食べる「ご馳走」になった。そうなると、たいていはブランド米を愛好したり、米の料理に凝ったりしがちだが、ぼくの指向は稲作に向いてしまった。

ご飯の生みの親は突き詰めると田んぼ、なのだ。

最後に田んぼを見たのは、二〇二〇年の一月だった。冬の棚田に会いに行った。そこで現地の少雪に驚き、収穫が心配になった。雪解けの水が少ないと、水が命の田んぼが干からびて死んでしまうんじゃないか。

しかし、そんな不安は「カプチーノ」での「米づくり同窓会」で吹き飛んだ。現地の人たちの顔を見て安心したからだ。この人たちなら「今年も大丈夫」と思えた。土と生きる人たちのエネルギーは、少々の困難も吹き飛ばすほど強力だ。

考えてみれば稲作は、いつの時代も日照り、長雨、冷夏と苦しめられてきた。そのたびに、米も農家の人々も強くたくましくなっていったのだ。しょせん天気のことを心配しても始まらない。明日の天気は人間の手では変えられないから、祈るしかないよね。

そんな思いを抱えて東京へ戻ってきた。それからわずか一カ月足らずで、もっと深刻な問題が発生した。

コロナ禍！である。

ぼくもみんなも家に引きこもるようになった。こんな厳しい状況で、米づくりはきちんと行なえるのだろうか？　見えないだけに心配だった。当然、都会から田植えに参加することなどできない相談だ。コロナ禍での不自由な暮らしに耐えて、不慣れなインターネットを使ったオンラインで仕事を続けながらも、頭にあるのは、去年、汗を流したあの棚田はどうなっているのだろうか、ということだった。

さらに心配だったのは、梅雨が終わったあとも断続的に続いた今年の長雨だった。ともかく晴れの日が少ない。松代の棚田には、今年もコシヒカリの原種の苗を植えた、と人づてに聞いた。繊細な品種だから、いもち病に弱いはず。もしかすると今年も発症したかもしれない。七月は記録的な日照不足だったのだ。

八月になると今度は、猛暑がやって来た。たとえ長雨を無事に乗り切ったとしても、こんな極端に変化する気候では、米がたくましく育つなんて無理じゃないか。

と、そこへ思わぬ報せが届いた。九月早々に、現地では稲刈りをやるというのだ。去年は一〇月五日、六日だった。今年はそれより一カ月ほど早い九月の一二日と一三日。いくらなんでも早すぎるんじゃないか。不作なんだろうか。

しかし稲刈りと聞いて、いてもたってもいられなくなった。今年は田植えはおろか草刈り、草取りもやっていない。でもやっぱりイネをこの手で刈り取りたい。というより、稲穂がたわわに実った今年のイネを、なによりこの目で確かめたいのだ。

ぼくは、今年もなんとか稲刈りに参加したいと伝えた。

29 クロサンショウウオがいた！

二〇二〇年九月一一日の昼下がり、ぼくと江部さんと阪本さんの、いつもの三人はまつだい駅に降り立ち、遠くに見える棚田を眺めていた。遠目にはイネはよく育っているようだ。少し安心した。と突然、江部さんがつぶやいた。

「えっ？　あれはもしかすると……」

「まさかねえ、似てるけれど、あんなにスリムじゃなかったでしょ」とぼく。

「そうですよ、もっと恰幅がよかったですもん」と阪本さん。

まつだい駅の横を流れる渋海川の向こうに段々にならぶ棚田の一角で、数人の若者たちがイネを束ねている。その中でひときわ背の高い男性が、みんなに束ね方を説明しているように見える。その彼が竹中さんに似ているのだ。しかし体型があまりに違っている。

阪本さんがカメラ越しに、その人物に焦点を合わせた。

「いや、あれは竹中さんや！　やっぱり竹中さんですよ」

ぼくと江部さんは信じられない思いで顔を見合わせた。竹中さん、病気でもしたのか？　やがて彼らは軽トラに分乗すると、ぼくらのいるほうへやって来た。

……目の前に立った竹中さんは元気そうだった。以前の穏やかな雰囲気が消えて、日焼けした顔つきにたくましさも漂わせている。

彼は照れ笑いしながら「一五キロくらい痩せました」と言う。いったい何があったのか。もしかするとコロナの影響、あるいは悪天候で稲作に苦労した？　くわしく話を聞いた。真相はこれからの米づくりにとって、いささか深刻な内容を含むものだった。

まつだい棚田バンクが管理している田んぼの面積は七万五〇〇〇平方メートル。棚田一二六枚を一一人のスタッフで守っている。農家が引退し、跡継ぎのない田んぼが出るたびに引き受けてきた。しかし、ここ数年、その数が増すばかりで、もはや彼らの守備範囲を越えつつあった。そして今年、とうとうそれが限界まできたのだ。

さらにこのコロナ禍である。例年なら募集をして田植え、草刈りなどの農作業に集まってくる人たちの手を借りることもできたが、今年はそれは難しかった。しかし耕作を休むわけにはいかない。まつだい棚田バンクのスタッフは松代一帯に点在する棚田をめぐりながらの米づくりに明け暮れた。竹中さんの引き締まった体、精悍な顔つきの裏には、過酷な農作業の日々があった。

引き取り手のない休耕田はますます増えている。これは全国各地の棚田も同じだ。米づくりに汗を流す人たちの年齢は七〇代、八〇代と高齢化していて、早晩みんな引退してしまう。話を聞くうちに、一〇年後、日本の棚田がどうなっているか、想像するだけで怖くなった。

「それで、イネの実りはどうですか?」と、竹中さんに聞いた。

「育ちすぎちゃったくらいです」

「倒伏はありますか?」

「まだ大丈夫。だから今年は早く刈りたいんです」

天候の激変も乗り切って棚田のイネは順調に育ったらしい。田んぼを一刻も早く見たかったが、ここはぐっと我慢して、明日の楽しみに取っておこう。ぼくらは本日の宿に向かった。

翌朝の一〇時、ぼくら三人はまつだい駅にほど近い集合場所に急いだ。と、そこには人、人、人……。各地から集った稲刈りメンバーと、それをサポートする近隣の農家の人たち、そしてまつだい棚田バンクのスタッフたちだった。総勢八、九〇人ほどになるだろうか。全員マスクをして棚田へ移動するのを静かに待っているところだ。

よくもこんなに集まったものだ。驚くばかりである。たしか今年の参加者は一〇人ほどだと聞いていたからだ。

「最初はそれくらいでした。しかし、締め切りの直前にどっと増えたんです」と、この盛況には竹中さんも驚いた様子だ。

今年の稲刈りの日程は、急きょ決まったという。日照不足でイネの茎がひょろひょろと伸びすぎてしまった。伸びすぎたイネは雨や風で倒れやすい。倒伏すると、いちいちイネを起こして刈らなければならない。とても手間がかかり面倒で刈り取りの醍醐味《だいごみ》も台無しになる。急ごしらえの日程だったから、たいして人は集まらないだろうと踏んでいたが、竹中さんたちスタッフにとってはうれしい誤算だった。ぼくもなぜか気持ちがウキウキしてくる。

みんな田んぼに来たくて、うずうずしていたんだろう。コロナウイルス感染防止のために、それぞれ距離をとって静かに時が来るのを待ってはいるが、きっと心は燃えているに違いない。

「田んぼでマスクをして作業するのは苦しいので、これを着用してください」

差し出されたのはフェイスガードだった。マスク姿での稲刈りはきついだろうと不安だったが、これなら安心できる。

ほどなくして、一行は棚田へ移動した。そこでぼくらを待ち受けていたのは、朝日を浴びて黄金色に輝く見事な穂をつけたイネたちだった。空は晴れわたり、去年のような雨の心配はなさそうだ。雨に濡れて重くなったイネの束には、さんざん苦労させられたからね。

しかし不安なのはこの暑さ、である。なんと今日の最高気温は三五度に達する見込みだという。ぼやぼやしていられない。ドンドン刈ってしまおう。ぼくは鎌を手に棚田に入った。

けれど、なかなか勝手がつかめない。覚えたはずのやり方をもう忘れている。株を持つ手が順手ではなく、間違った逆手だったり、刈り取ったイネの束ね方を忘れていたり……。情けない。が、やがて「ああ、そうそう、こうだった」と、記憶が蘇ってきて、刈り取りの調子が出てきた。

去年と同じく、イネを刈るのにも自然に役割分担が出てくる。イネを鎌で刈る人、刈り取られたイネを藁で縛りひと束にまとめる人、その束を抱えて稲架へ運ぶ人。手渡しされていくイネが見知らぬ者同士をつないでいく。この連帯感がなんとも心地よい。

今回も家族連れでの参加が多い。小さな子どもたちは、稲刈りをする大人たちをよそにカエルやバッタを追いかけている。と、田んぼの隅で声があがった。

「こんな子は今までで初めてですよ！」

竹中さんの驚きの声が耳に入ってきた。行ってみると、五、六歳の女の子が、実に器用にイネを束ねていた。刈り取ったイネに藁ヒモを一巻きする。次にその藁ヒモを持ったままイネの束全体を宙でくるりと二度回す。こうして藁ヒモで固くイネを縛ることができる。大人でも難しい「大技」だ。ぼくなどは最初これができずに、いちいち地面にイネを置いて、まるで荷物を縛るようにして藁ヒモを茎に回し束ねていた。

なんて器用な子なんだ！　みんな集まってきて感心している。

「はい、次！」と、その子は実に得意げにこちらに目をやる。ぼくは慌ててイネの束を取りに走った……。

「これはすごい！　絶滅危惧種だよ」

また畦のほうで声がする。駆け寄って見ると、小さな女の子の手の平に、黒っぽいトカゲのような生物がのっている。丸っこい顔がかわいくて、トカゲよりずっと愛嬌がある。恐がりもせず女の子が手にのせているはずだ。

「これはクロサンショウウオ」と、教えてくれたのは地元の生物研究者だ。

「サ、サンショウウオ！」

井伏鱒二の小説に出てくる、ぼくにとっては幻の生き物、あの同類がここにいる。トカゲのような爬虫類ではなく、イモリのような両生類。水が豊かな棚田にふさわしい生き物だ。それにしても野生のサンショウウオを、死ぬまでに目にできるとは思ってもいなかった。なんてラッキーな日なんだろう。

かたわらで、こちらの様子をうかがっていたまつだい棚田バンクのスタッフの一人が「これ、よく見かけますよ」と、あっけらかんとした口調でいった。なんと棚田ではこの珍しい準絶滅危惧種を、よく見かけるのだという。凄いなあ、無農薬栽培の田んぼには、こういう稀少生物が普通に生きているんだ。

そんなこんなで、本日の稲刈りが終了。午前と午後、それぞれ一時間半ほど汗をかいた。時間にするとわずかだが、なにしろ今日は猛暑日だ。疲労感は半端ではない。が、いつものようにみんなの表情は穏やかで、ぼくの心も微笑んでいる。これが棚田の共同作業の楽しさなんだなあ。

30 ホモ・サピエンスだから楽しい

それにしても、なぜ田植えや稲刈りがこんなに楽しいのだろうか？　実際は汗と泥にまみれて、中腰の無理な姿勢でヘトヘトになるというのに。つらつらと考えてみるにその理由は、ホモ・サピエンスたるぼくらの本能に由来する、心のシステムにあるんじゃないかと思える。

数万年前までの地球では、ホモ・サピエンスとネアンデルタール人がともに暮らしていた。ネアンデルタール人はぼくらホモ・サピエンスよりも体が頑丈で強かったし、脳は大きくて頭だってよかったらしい。しかしなぜか弱いほうのぼくらが生き残り、ネアンデルタール人は地上から消えてしまった。

彼らが生き残れなかったのは大きな「群れ」をつくらなかったからだ。ネアンデルタール人は一人一人の能力が高かったから、小さなグループで生きていくことができた。反面、ホモ・サピエンスはみんなが力を合わせて狩りをし、採集をしなければ生きていけなかった。それで群れをつくった。群れは大きいほど生存に有利になった。大きな群れでは誰かが編み出した知恵がたちまち全体に広まり、全員を豊かにした。穀物栽培はいろんな知恵を教え合うこと、伝承することで発展した。これが現代の人類学の主流の考え方となっている。

そうなんです。そもそもぼくらホモ・サピエンスには、群れることを良しとする本能が備わっているんですね。

しかしぼくは、昔からちょっと偏屈だったから群れに加わることよりも、一人でいること、一人で何かをつくることのほうが好きだった。大きな集団を避けてきた。ぼくはホモ・サピエンスとしては、いささか変わっているわけだけど、そんな人、案外、少なくはない気がします。

ところがそんなぼくでも、田植えや稲刈りには嬉々として参加する。子どもに鎌の使い方を教えたり、名前も知らない初めて会った人の胸を目がけて、イネの束を放り投げたり、稲架に一緒に一つのイネの束をかけたりということが楽しいからだ。太古の時代に生きていたホモ・サピエンスも同じで、食べていくための仕事を汗水たらして共同でやることが楽しかったに違いない。それを楽しいと感じない者、あるいは楽しさを共有できない群れは、子孫を残すことなく消えていったはず。つまり現代のホモ・サピエンスであるぼくらには、汗水たらし体を使って一緒に働くのが楽しいという、感情の遺伝子のようなものが受け継がれているということじゃないかなあ。

　みんなで鎌を持ってイネを刈るというのは、そんな心のシステムを刺激するんですね。

31 米を食べるということ

ぼくらは夕食をとるべく三省ハウスに到着した。おなじみの校舎に懐かしさがこみ上げてくる。しかし今回は、玄関脇の駐車スペースに大きなテントが張られている。このテントの下で、三密を避けるため今夜はバーベキューをするのだという。

おお、久しぶりの野外での夕食。おまけにバーベキューときたか。気が利いているじゃないか。

大皿に並んでいるのは、妻有ポークやとれたての地元野菜たち。が、なんといってもぼくの目当ては、飯盒《はんごう》で炊く魚沼産コシヒカリだった。しかもとれたての新米！である。九月前半のこの時期に、早々と新米を食べられるというのはうれしいかぎり。

五〇人ばかりが、それぞれの班ごとに分かれて、いよいよ調理がスタート。テーブルに設えられた炭火のコンロに材料を並べて焼き始めると、ポークやら長なすやらの香りが立ち上り、体の中に燃えたぎるこの食欲をグイッ、グイッと刺激する。うーん、たまらん。

「藤原さん、まだ早いです」と声が飛び、ぼくは思わず箸を引っ込めた。

ぼくらのグループの飯盒担当は、阪本さんと決まった。彼は家では土鍋でご飯を炊いているというだけに手際がいい。外野から飛ぶ「炊きすぎだ」「火が弱い、いや強すぎる」などの野次にも動ぜず、自分の信じた案配で、自信たっぷりに炊き上げた。蓋をしたまま飯盒をいったん逆さにしてからご飯をほぐす。それを皿に分けてもらい、口に運んだ。旨い！

「今年は出来がいいんじゃないか」「日照不足のほうが、案外旨いのかもしれない」などと、手前勝手な批評を加えながら、ぼくらはあっという間にご飯を平らげたのだった。

二〇二〇年、世はコロナ禍にもかかわらず、今年も棚田の新米にありつけた。しかもとれたてである。ありがたい。大地に、太陽に、水に、そして働いた人たちの汗に、感謝！します。

ぼくらは、米の満腹感にしばし浸った。そしてはやくも気持ちは、来年の棚田に飛ぶ。正月の棚田はしっかり雪に覆われているか、田起こしはいつか、太陽は十分に降り注いでくれるか、また夏は酷暑に見舞われるのか、そのとき水は足りているのか、田植えや刈り取りは、また大勢でみんなと一緒にできるのだろうか？

いや、きっと大丈夫だろう、と信じる。大地と米をつくろうと志す人がいるかぎりイネは成長し、ぼくらの元に届くはずだ。待ち遠しいなあ。

「あとがき」として

二〇一九年、魚沼の棚田でイネを育て、米をつくりました。二〇二〇年は冬の田んぼを眺め、その八ヵ月後には稲刈りもできました。現地スタッフの助けを得て、足かけ二年にわたって、ぼくは棚田と付き合ってきたということになります。

人として生まれたからには、一度だけ田植えをしてから死のうと決めていました。でも、結局は六回も現地に足を運び、棚田で汗を流すことになりました。まわりのみんなには棚田中毒症！と呆れられています。

米づくりを通して学んだことがあります。一つは米が土と太陽と水の絶妙なバランスの中で生まれる自然の産物だということ。当たり前だけど、米は工場で人工的につくることはできない。土と太陽と水の一つでも欠けてしまうと、米づくりは台無しになるんですね。

米は日本人の主食として、長い間改良を加えられてどんどん美味しいものになり、病気にも強くなったけれど、それでもやっぱり天気には勝てない。最近の記録的な気候変動は、これからも続いていくはず。台風、大雨、猛暑と日照り、どれ一つをとってもそれが限度を超えると、たちまち田んぼもイネもやられてしまうというわけです。今はその「限度を超える」ぎりぎりのところでなんとか持ちこたえているといった具合です。稲作もまさに綱渡り状態なのでしょう。

もしもいつか、米が食べられないような時が来れば、他のさまざまな食材も食卓にのらない事態になっているだろうし、暮らしそのものもうまくいかなくなっているかもしれない。稲作は主食の生産というだけでなく、ぼくらが生きることのできる自然環境が、この日本に残っているかどうかを計るバロメーターでもあると思います。

美味しい米がたっぷり食べられるというのは、実はとっても幸せなことなんですね。将来、あの頃は美味しい米がたくさん食べられてよかった、なんて懐かしむ日が来ないことを祈ります。

もう一つ、ぼくは棚田で大切なことを学びました。それは人と人とのかかわり方です。このコロナ禍で、コミュニケーションにネットを利用する割合が増えました。これまでもスマホが普及してリアルな出会いやつながりは減る一方でしたが、今年はさらに人とのつながりのオンライン化が急激に加速しました。

でも、米づくりに参加するということは、言うまでもなくリアルな行為です。ネットで棚田の米づくりはできません。農作業中にみんなが言葉を交わすことは少ないのですが、一緒に汗を流しながら、慣れないながらも全員で同じ作業を繰り返していく。ここに普段忘れがちな人と人とのリアルなつながりを、ぼくは感じました。

田んぼでは言葉で言いつくろったり、ごまかしたりということが通用しません。田植えにしろ稲刈りにしろ、目の前のイネがすべて。つまり米づくりとは、虚飾も粉飾もできない実務的でリアルな世界なのです。必然的にそこからつながる人間関係も、まさにごまかしのない、正直なものにならざるを得ない。だからこそ田んぼで土にまみれ人と接するときの素直な楽しさ、面白さが生まれるのです。

この二年間、多くの人に助けられながら、実に楽しい思い出をつくることができました。また本書に登場する人たち以外にも、たくさんの人たちとかかわることができました。ぼくにとって忘れ得ぬ大切な体験となりました。

みんな、どうも、ありがとう！

藤原智美（ふじわら・ともみ）

１９５５年、福岡県福岡市生まれ。１９９０年に小説家としてデビュー。１９９２年に『運転士』で第１０７回芥川龍之介賞を受賞。小説の傍ら、ドキュメンタリー作品を手がけ、１９９７年に上梓した『「家をつくる」ということ』がベストセラーとなる。主な著書に『暴走老人！』『文は一行目から書かなくていい』『あなたがスマホを見ているときスマホもあなたを見ている』『この先をどう生きるか』『つながらない勇気』がある。小説『恋する犯罪』が、瀬々敬久監督、哀川翔と西島秀俊の主演で『冷血の罠』として１９９８年に映画化されている。

写真　阪本勇
装幀　伊藤信久
校正　岡本美衣
編集　江部拓弥

人として生まれたからには、一度は田植えをしてから死のうと決めていました。

発行　２０２０年11月29日　初版発行

著者　藤原智美

発行所　株式会社プレジデント社
〒１０２-８６４１
東京都千代田区平河町２-16-１
平河町森タワー13階
電話番号　０３-３２３７-５４５７（編集）
０３-３２３７-３７３１（販売）

発行者　長坂嘉昭

印刷所・製本所　凸版印刷株式会社

Printed in Japan　ISBN978-4-8334-5160-4 C0095

本書はｄａｎｃｙｕ ｗｅｂでの連載「米をつくるということ。」（２０１９年６月〜２０２０年３月）に加筆修正をして、書き下ろしを加えたものです。

カプチー

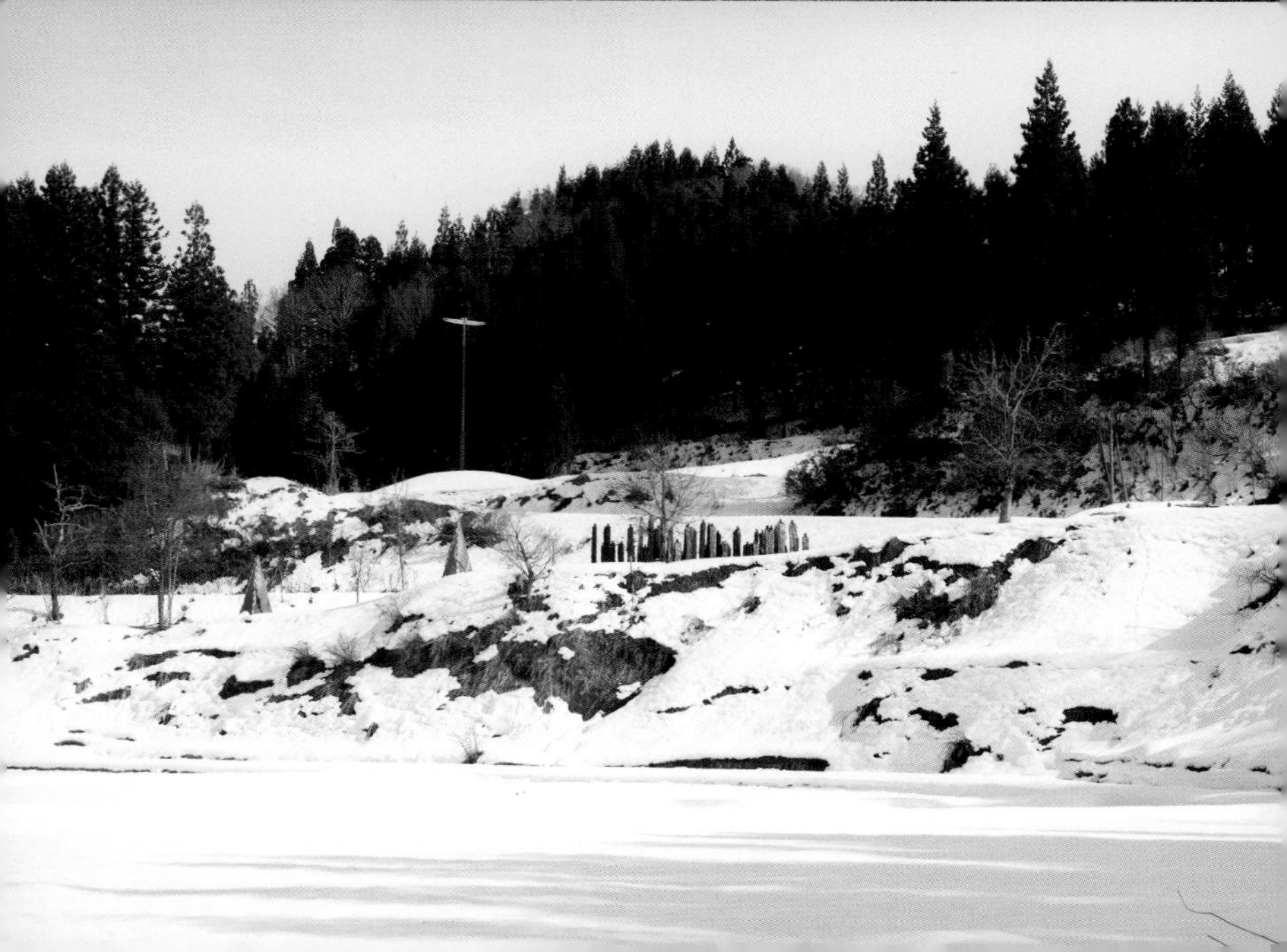

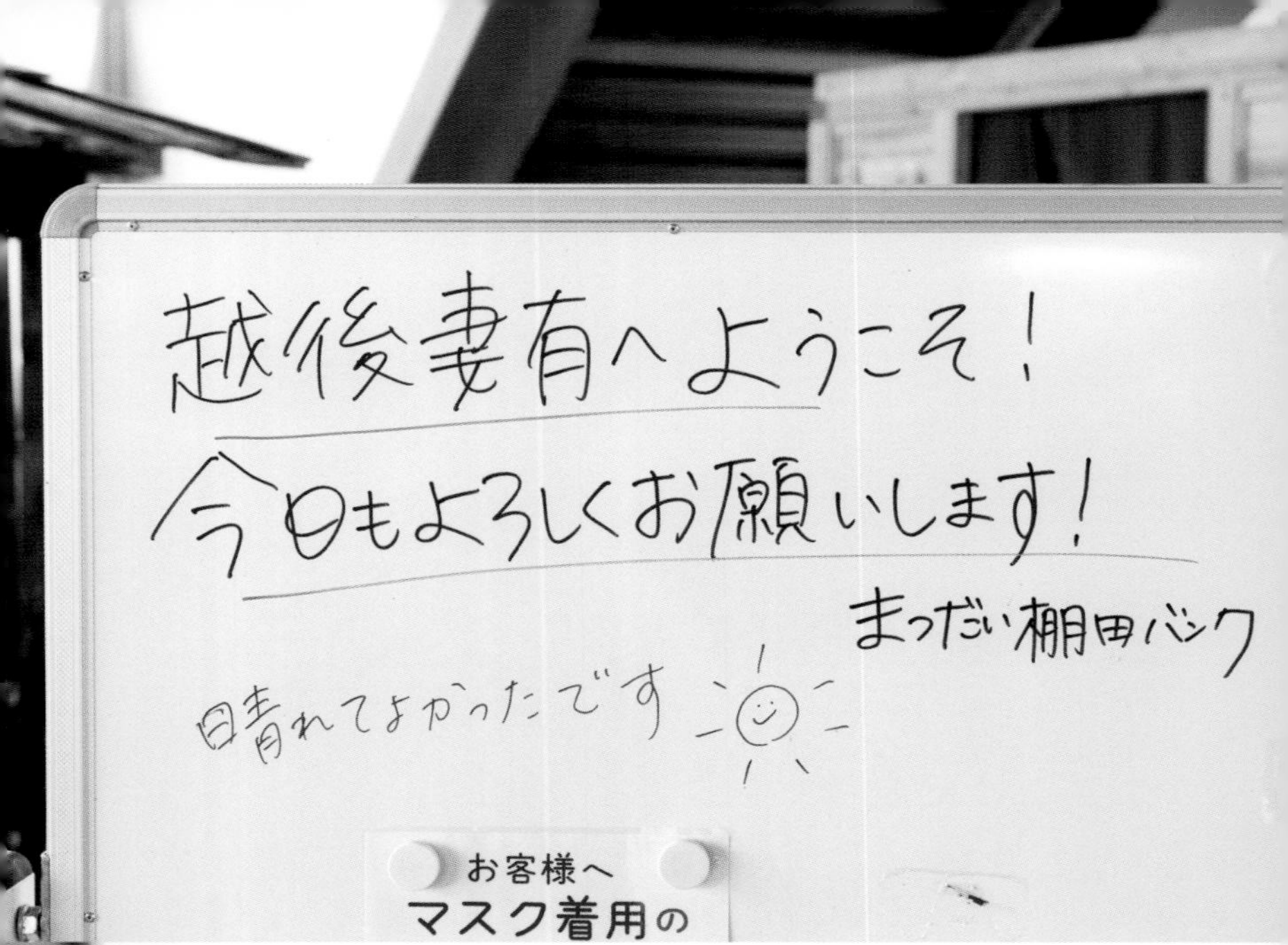
越後妻有へようこそ!
今日もよろしくお願いします!
まつだい棚田バンク
晴れてよかったです
お客様へ
マスク着用の

Face shield
カバコフ
トミー